Ruth Grützbauch

Per Lastenrad durch die Galaxis

aufbau

Ruth Grützbauch ist Astronomin und hat zu Zwerggalaxien promoviert. Bis Sommer 2017 war sie als Wissenschaftsvermittlerin im Jodrell Bank Discovery Centre tätig, einem der größten Radioteleskope der Welt nahe Manchester. Seitdem ist sie mit ihrem Pop-up-Planetarium, das in ein Lastenrad passt, v. a. in Österreich unterwegs, um den Menschen die unendlichen Weiten des Weltraums näherzubringen. Seit Anfang 2020 gestaltet sie zusammen mit Florian Freistetter den Podcast »Das Universum«, der zu den erfolgreichsten deutschen Wissenschaftspodcasts gehört.

RUTH GRÜTZBAUCH

PER LASTENRAD DURCH DIE GALAXIS

aufbau

Mit 8 Illustrationen von Büro Alba, München

MIX
Papier aus verantwortungsvollen Quellen
FSC® C083411

ISBN 978-3-351-03893-9

Aufbau ist eine Marke der Aufbau Verlage GmbH & Co. KG

1. Auflage 2021

Einbandgestaltung Büro Alba, München
unter Verwendung eines Fotos von © Mafalda Rakoš und
eines Bildes von © Adobe Stock/#198685149
Satz LVD GmbH, Berlin
Druck und Binden CPI books GmbH, Leck, Germany
Printed in Germany

www.aufbau-verlage.de

Inhalt

Prolog – Wie das Universum in ein Fahrrad passt

Es nieselt, of course. Das Jodrell Bank Discovery Centre südlich von Manchester, UK, ist heute, wie so oft, in eine schwere, graue, nasskalte Wolke eingehüllt. Das beinahe 90 Meter hohe Radioteleskop, das direkt neben mir auf der Wiese steht, wird zur Hälfte von den Wolken verschluckt – nur die vier an den Eiffelturm erinnernden Füße der gigantischen, 1500 Tonnen schweren Stahlkonstruktion auf ihren riesigen, schon leicht angerosteten Eisenbahnrädern, verraten, dass es überhaupt da ist.

Ich bin auf dem Weg ins Nachbargebäude, wo unser aufblasbares Planetarium darauf wartet, von mir in Betrieb genommen zu werden. Es ist 10 vor 10, der erste Reisebus hat gerade eingeparkt und einige Weltraumenthusiasten stürmen schon lautstark über den Parkplatz in Richtung Hauptgebäude. In 15 Minuten sind sie bei mir. Ich lege einen Zahn zu und nehme die Abkürzung über die Wiese, die – oh shit! – wieder mal knöcheltief unter Wasser steht. Kann es sein, dass es in Manchester wirklich noch nasser ist als im verregneten Leeds? Mit eingeweichten Zehen komme ich im Event Space an, wo das Planetarium friedlich eingerollt wie ein schlafendes Tier am Boden liegt. Ich werfe den Ventilator und den Projektor an, und in 10 Minuten ist der Weltraumsimulator aufgepumpt – eine dunkelblaue Halbkugel mit sechs Metern Durchmesser und fast vier Metern Höhe, in deren Innerem in die völlige Dunkelheit hinein eine realistische Simulation des Weltraums rundherum an die Kuppel projiziert wird, natürlich basierend auf echten Beobachtungsdaten und Modellrechnungen des Universums – wir sind ja ein Science Centre.

Ich schiebe mich durch die wobbelige Tür des Planetariums nach draußen (think »Luftburg« …), gerade als die ersten Kinder um die Ecke kommen und durch die Glastür die riesige blaue Bubble hinter mir erblicken. Ich kann ihr Gejapse zwar noch nicht hören, aber sehe ihre aufgerissenen Münder und Augen, ihr Gehüpfe und die strenge Geste der Pädagogin gleich hinter ihnen. Ich hole einmal tief Luft - *performance mode on* – und öffne die Tür.

30 Augenpaare schauen mich erwartungsvoll an.

»Hello Everybody and welcome to Jodrell Bank Discovery Centre!« – »Warst du schon mal im Weltraum?« – »Nein, leider, sie lassen mich nicht! Nah, just kidding.« Wir sprechen kurz über Jodrell Bank, das 60 Jahre alte Teleskop (»older than Grandma!«) und den Unterschied zwischen Astronautinnen und Astronomen und was uns in der kommenden Dreiviertelstunde im Planetarium erwartet. Im Gänsemarsch verschwindet die Gruppe im Sternenzelt und ich schlüpfe schnell hinterher, bevor zu viel Luft entweicht. Der Übergang wirkt – sogar für mich, nach gefühlt hunderten Shows. Das Eintauchen ins Planetarium verursacht noch immer ein leicht kribbeliges Gefühl. Das komplett abgedunkelte Kuppelzelt schafft einen separaten Raum, der die Außenwelt so effektiv abschottet, dass man sie vergisst – obwohl uns ja nur ein dünnes Stück Stoff von ihr trennt. Wir schauen uns die Sternbilder an, fliegen zu den Planeten des Sonnensystems und durch die Milchstraße, und wenn wir Zeit haben, zoomen wir auch noch zur Andromedagalaxie, unserer Nachbargalaxie, und gleichzeitig das am weitesten entfernte Ding, das man ohne Teleskop am Himmel sehen kann. Das Licht ihrer fast 1 Billion Sterne war etwa zweieinhalb Millionen Jahre unterwegs zu uns, mit 300 000 Kilometern pro Sekunde durch den leeren Weltraum, nur um dann auf unsere Augen (bzw. Teleskope) zu fallen. Wir sehen diese Galaxie, wie sie zu einem Zeitpunkt ausgesehen hat, als es auf der Erde noch nicht einmal Menschen gab. Es ist ein dankbarer Job, die jungen Besucher:innen sind immer begeistert und wollen einfach alles wissen. Ihr Enthusiasmus färbt auf mich ab und entschädigt für das frühe Aufstehen und die fehlenden langen Nächte in Teleskop-Kontrollräumen auf einsamen Berggipfeln. Ja, die Entscheidung, aus der Forschung auszusteigen, war freiwillig, und ich bereue sie nicht, aber ab und zu vermisse ich mein altes Leben schon ein bisschen.

Die Kinder sind also leichte Beute. Aber was ist mit den Erwachsenen? Ich liege oft, nachdem die letzte Schulgruppe draußen ist, noch kurz unter dem Sternenhimmel und sauge die Weite und Stille in mich auf, bevor auch ich in die »echte Welt« zurückkehren muss. Das Planetarium gilt ja oft als nicht ernsthaft und wissenschaftlich genug für Erwachsene. Für mich ist das mobile Planetarium jedoch eine der beeindruckendsten Erfahrungen, die ich im Zusammenhang mit der Astronomie gemacht habe, abgesehen vielleicht vom echten Sternenhimmel in der chilenischen Wüste oder dem Sonnenaufgang nach einer Beobachtungsnacht auf dem Mauna Kea hoch über dem pazifischen Wolkenmeer. Vielleicht ist es das Unerwartete, das Improvisierte, die Möglichkeit (beinahe) überall in einer Viertelstunde den Weltraum aufbauen zu können, was mich daran so fasziniert.

Als mich Freunde aus Leeds in Jodrell Bank besuchen kommen (die mich übrigens vor dem schlechten Wetter in Manchester gewarnt haben, nur ich ungläubige Kontinentaleuropäerin dachte, schlimmer kann es ja nicht werden), kommt mir spontan die Idee: Ich zeige ihnen das Planetarium. Mal schauen, was sie von unserem Kinderspielzeug halten.

Wir machen zuerst eine Runde um das Lovell Telescope, das einst größte voll bewegliche Teleskop der Welt und mit seiner 76 Meter großen, strahlend weiß gestrichenen Teleskop-Schüssel ein echt beeindruckendes Gerät, und dann schmuggele ich sie ins Planetarium. Das ist hier normalerweise nur ein Programmpunkt für Schulklassen, und nicht für Besucher:innen des Discovery Centres zugänglich (Julia, my dear boss, wenn du das liest, I apologise!). Wir schlüpfen ins Zelt hinein, legen uns hin und ich zeige ihnen ein paar der Highlights. Nach 10 Minuten fange ich an, mir Sorgen zu machen: keine Fragen, kein Kommentar, alle sind sie mucksmäuschenstill. Ich sehe mich um und frage in die Runde hinein: »Are you bored?« Das löst sofort ihre Passivität und plötzlich sprudelt es aus ihnen heraus: »Ich hatte ja keine Ahnung, ich wusste das alles nicht!« »Ist das alles echt?« »Stell dir vor, so ein Planetarium gäbe es auf einem kleinen Musikfestival, oder auf einer Weihnachtsfeier!« »Auf Hochzeiten!« »Im Shoppingcenter!« »Einfach so auf dem Marktplatz am Samstagnachmittag!« »Das musst du unter die Leute bringen!« Ich bin erleichtert.

Auf dem Heimweg zurück nach Manchester stehen wir wie üblich ca. eine halbe Stunde im Stau. Ich schaue aus dem Fenster und träume von meinem zukünftigen Planetariums-Business: »Das All kommt zu euch, der Weltraum besucht den öffentlichen Raum.« (»A Planetarium pops up in Public Space. Public Space Pop-Up Planetarium«). Unsanft werde ich von einem ruckartigen Bremsmanöver im Stop-and-go-Verkehr aus meiner Phantasie gerissen. Die roten Rücklichter der langen Autoschlange leuchten mir aufdringlich ins Gesicht. 25 Jahre sind seit der Unterzeichnung des Kyoto Protokolls vergangen, und wir bewegen uns immer noch in Metallkisten fort, angetrieben von einem eigentlich extrem wertvollen Material mit phantastisch hoher Energiedichte, dessen Verbrennung unsere Städte verdreckt und den ganzen Planeten aufheizt, und all das nur aus Bequemlichkeit. Es ist klar, dass wir den motorisierten Individualverkehr so schnell wie möglich hinter uns lassen müssen. Darum wollte ich auch bei meinem gerade Gestalt annehmenden, zukünftigen Projekt auf keinen Fall auf einen Verbrennungsmotor angewiesen sein. Nur, wie sollte ich ein Planetarium ohne Auto durch die Gegend karren? Als passionierte Stadtradlerin und Dank einer großen Schwester, die in Amsterdam lebt, war dann auch dafür ziemlich schnell eine Lösung gefunden: Für das Planetarium muss ein Lastenrad her. Ein *Cosmobike*, nicht nur als Alleinstellungsmerkmal für das zukünftige Business, sondern als dringend notwendiges Bekenntnis zur Nachhaltigkeit.

Jetzt brauchte ich nur noch ein Planetarium. Schnell war mir aber auch klar, dass ich nicht über das notwendige Kleingeld verfügte, um mir einen mobilen Planetariumsprojektor zu kaufen – die sind für mehrere zehntausend Euro im einschlägigen Handel zu erwerben. Und eine Förderung dafür zu beantragen – hmm … ich war mir nicht sicher. Ich glaube, ich wollte es einfach nicht von den Entscheidungen anderer Leute abhängig machen. Das war *mein* Projekt. Also, warum nicht einfach selber eines bauen? Und siehe da, eine schnelle Abfrage der allwissenden Müllhalde ergab: Das Internet ist nicht nur voll mit Katzenvideos, nein, es gibt dort auch detaillierte Anleitungen, wie man sich selbst ein Planetarium bauen kann. Mir gefiel auch sofort die Idee, dass man Dinge einfach selber machen kann. Die Anleitung für den Bau und auch die Software, die ich im Planetarium verwende, sind Open Source, also kostenlos und frei verfügbar und im Gedanken der Kollaboration geschrieben. Jede:r kann sie verwenden, verändern und weitergeben.

Zu der Zeit wurde mir auch immer klarer, dass ich doch nach Österreich zurückkommen wollte. Das Wetter, der Brexit, es war einfach an der Zeit. Und Anfang 2018 war es dann so weit, das Public Space Pop-Up Planetarium wurde Realität. Seitdem haben mein Cosmobike und sein Sternenzelt schon über 15 000 Menschen in den Weltraum katapultiert.

Wissenschaft ist nicht fertig, solange die Ergebnisse nicht kommuniziert werden und so der Gesellschaft zugutekommen. Und damit meine ich nicht nur ganz konkret durch Anwendungen, sondern vor allem auch durch die Erweiterung unseres Wissens, das Wecken der Neugierde, das Teilen der Faszination und die Vermittlung der Schönheit, die dem Wissen innewohnt. Alle sollen wissen, was da draußen vor sich geht. Und wir sollten nicht darauf vertrauen, dass die Leute, die es interessiert, zu uns kommen. »We have to reach out.« Wir müssen hinausgehen und versuchen auch die, oder vielleicht sogar *gerade* die Leute zu erreichen, die nicht sowieso schon ein Interesse daran haben, mehr zu wissen. Es ist unsere Aufgabe als Wissenschaftler:innen, unser Privileg, das Universum erforschen zu können, mit allen zu teilen. Und es geht dabei nicht nur um das Mitteilen von Fakten. Es geht auch darum, die Interaktion zu suchen, das Subjektive in der objektiven Forschung hervorzuheben, denn Wissenschaft wird schließlich von Menschen und für Menschen gemacht.

Es klingt vielleicht kitschig, aber mir kommt es fast so vor, als hätte die Idee des Pop-Up-Planetariums mich gefunden und nicht andersrum. Sie ist das Ergebnis vieler persönlicher Erlebnisse und Erfahrungen in der Wissenschaft, dem Privileg, das Universum erforschen zu dürfen, und dem Bedürfnis, es zu teilen.

Ich würde mich freuen, wenn Ihr mich auf meinem Streifzug mit dem Lastenrad durch unsere Galaxis und darüber hinaus, durch das bewegte Leben der Galaxien und bis ans Ende des Universums begleiten würdet.

Willkommen in unserem galaktischen Kiez

Wir liegen unter dem funkelnden Sternenhimmel. Tausende kleine Lichtpunkte, wie fein gestochene Löcher im samtigschwarzen Firmament. Das nebelig-weiße Band der Milchstraße zieht sich einmal quer über den Himmel von Horizont zu Horizont. Ihr diffuses Leuchten ist zwar schwach, aber irgendwie schafft sie es trotzdem, uns ein Gefühl ihrer gigantischen Ausmaße zu vermitteln, federleicht und bombastisch zugleich, fast ein wenig überwältigend in ihrer Allgegenwärtigkeit. So sieht man den Sternenhimmel selten. Und doch ist es genau der Himmel, den wir draußen in der echten Welt auch sehen sollten, bei vollkommener Dunkelheit und ohne störende Wolken. Wir liegen im Planetarium und betrachten eine realistische Echtzeit-Simulation des Universums. Da, wo noch vor Kurzem der Turnsaal war, befindet sich nun der Weltraum, und zwar genau so, wie er von unserer Position auf der Erde aus tatsächlich aussieht – hier und jetzt. Manchmal kommt es mir so vor, als wäre der künstliche Sternenhimmel echter als der echte. Ein Kind platzt heraus: »Woher wissen Sie, wie viele Sterne es gibt?« – »Sch! Das macht alles der Computer!«, zischt ein anderes.

Ja, wir wissen ziemlich genau, wie viele Sternlein stehen. Bei idealen Bedingungen sind es ca. 3000, die man gleichzeitig am Himmel sehen kann. Insgesamt, also in alle Richtungen um uns herum, sind es doppelt so viele – wir sehen ja zu jedem Zeitpunkt immer nur eine Hälfte des ganzen Himmels. Und das wissen wir nicht etwa deshalb, weil Gott der Herr sie gezählet hat, sondern weil Astronom:innen schon vor gut 2000 Jahren in der griechischen Antike und dann später, vor allem nach der Erfindung des Teleskops ab dem späten 17. Jahrhundert, den Himmel und die Position der Sterne genau vermessen und kartographiert haben. Diese insgesamt etwa 6000 Sterne sind jetzt aber nur die, die leicht als einzelne Sterne am Himmel zu erkennen sind. Das weiße, milchige Band unserer Galaxis, das besteht natürlich auch aus Sternen, nur sind diese Sterne schon so weit von uns entfernt, dass unsere Augen sie gar nicht mehr als einzelne Punkte auflösen können. Ihr Licht sehen wir gut, wir sehen nur nicht genau, woher es kommt. Und weil es so unglaublich viele dieser für unsere Augen unaufgelösten Sterne sind, kommt es zu dem milchigen Effekt.

Für jeden Menschen auf unserem Planeten gibt es in der Milchstraße ungefähr 40 Sterne. Das klingt jetzt nach gar nicht so viel, was zwei Dinge veranschaulicht: erstens, wie zahlreich die Erdbevölkerung mittlerweile geworden und zweitens, wie schlecht unser Gefühl für große Zahlen ist. 300 Milliarden Sterne ist eine unfassbar große Menge, vor allem, wenn man dabei berücksichtigt, dass ein Stern eine riesige Plasmakugel ist, in die durchschnittlich ungefähr eine Million Gesteinsplaneten wie unsere Erde hineinpassen würden. Manche Sterne haben auch ein paar hundert Mal den Durchmesser unseres durchschnittlichen Sterns, der Sonne, also das Volumen von einer Million Millionen Erden: den gleichen Durchmesser wie die Umlaufbahn des Jupiter. Was noch dazu kommt, ist, dass zwischen diesen einzelnen, unfassbar riesigen Plasmakugeln noch viel unfassbarere Weiten von praktisch leerem Raum liegen. Wäre die Sonne eine Orange und läge sie in der Wiener Innenstadt, dann befände sich der nächste Stern bei den großen Pyramiden von Gizeh, etwa 2500 km entfernt.

Alle Sterne die wir als einzelne kleine helle Punkte am Himmel sehen, befinden sich also in unserer Milchstraße, und zwar genauer gesagt in unserer näheren galaktischen Umgebung. Der nächtliche Sternenhimmel ist unsere kosmische Nachbarschaft, unser Viertel, unser Grätzl, unser Kiez. Eine grob kugelförmige Gegend mit ein paar tausend Lichtjahren Durchmesser, eingebettet in eine gigantische galaktische Sternenscheibe, die etwa 150 000 Lichtjahre groß ist. Ein 6000-Sternen-Dorf inmitten einer 300 Milliarden starken galaktischen Stern-Union. Nur dass wir – glücklicherweise! – nicht in der Mitte der Galaxis sitzen, sondern ziemlich am Rand eines äußeren Spiralarms, wo wir etwa 26 000 Lichtjahre vom Zentrum der Milchstraße entfernt recht unbehelligt unsere Kreise ziehen. Wir sind also am inneren Rand des mittleren Drittels unserer Galaxis angesiedelt. Da die Sternenscheibe der Milchstraße auch eine gewisse Dicke hat (ca. 3000 Lichtjahre), sehen wir unsere Nachbarsterne überall um uns herum, also auch nach oben und unten (relativ zur Scheibe). Je weiter wir hinausschauen, desto mehr Sterne sehen wir entlang der Ebene der Milchstraße, und diese mehr und mehr Sterne verschwimmen dann zu dem diffus leuchtenden Band, das wir am Himmel sehen. Wir sehen die Sternenscheibe der Milchstraße *edge-on,* also von der Seite her.

Und wie tief sehen wir in diese Scheibe hinein? Sind es eigentlich 300 Milliarden Sterne, die uns am Nachthimmel entgegenstrahlen? Nein, leider können wir nicht bis zur gegenüberliegenden Seite der Milchstraße durch die Sternenscheibe hindurchschauen, denn der leere Raum zwischen den Sternen ist eben doch nicht ganz leer. Durchschnittlich befindet sich im interstellaren Raum, also zwischen den Sternen, weit außerhalb des Sonnensystems, in jedem Kubikzentimeter Weltraum etwa 1 Atom (hauptsächlich Wasserstoff). Doch es gibt da draußen noch jede

Menge viel dichtere Molekülwolken aus Gas und Staub, die sich genau in der Ebene der Sternenscheibe befinden. Diese Wolken bestehen hauptsächlich aus Wasserstoff (wie alle großen Dinge im Weltraum) aber auch aus dem, was in der Astronomie Staub genannt wird: meist einfache Moleküle, wie etwa CO_2, Graphit oder Silikate, aber auch komplexere Moleküle wie Fullerene (wie z. B. das fussballförmige Kohlenstoffmolekül C_{60}) oder organische Verbindungen wie etwa einfache Aminosäuren. Häufige Bestandteile der interstellaren Wolken sind ebenso Kohlenwasserstoffe wie zum Beispiel Ethanol (landläufig: Alkohol) und Ester. Erst kürzlich wurde in einer Wolke ein Ester mit dem klingenden Namen Ethylformiat entdeckt – ein Molekül, das wir auf der Erde gut kennen und beim Backen als Bestandteil von Rum- oder Himbeer-Aroma verwenden. Gemeinsam mit dem reichlich vorkommenden Wassereis gibt es in diesen Staubwolken also alle Zutaten, um sich einen erfrischenden Raspberry-Daiquiri zu mixen – nur trinken könnte man den bei den durchschnittlichen minus 250 Grad Celsius nicht. Auch wäre man bei der typischen Dichte dieser Wolken von ein paar hundert bis vielleicht ein paar zehntausend Atomen pro cm^3 einige Zeit damit beschäftigt, genug Moleküle für einen kleinen Cocktail zusammenzukratzen. Das Wort Dichte ist hier überhaupt fehl am Platz – die Dichte dieser Wolken sollte eher »Dünne« genannt werden. Ein Kubikzentimeter Luft enthält etwa 10 hoch 19 Moleküle, das ist eine 1 mit 19 Nullen. Sogar im Ultrahochvakuum im Inneren der Röhre des Teilchenbeschleunigers LHC schwirren noch ca. 1 Million ungewollte Teilchen pro cm^3 herum, also weitaus mehr als in einer typischen interstellaren Wolke.

Genau dort, in den dichteren Gebieten dieser Staubwolken (korrekterweise: Molekülwolken) entstehen übrigens die ganze Zeit neue Sterne – in der Milchstraße aktuell etwa ein Stern pro

Jahr. Einige dieser Wolken kann man sogar am Nachthimmel sehen, mit freiem Auge zum Beispiel den Orionnebel und mithilfe eines kleinen Teleskops gleich daneben den Pferdekopfnebel, der tatsächlich aussieht, wie er heißt. Beide Nebel sind Teil einer riesigen Molekülwolke, die sich durch das ganze Sternbild des Orion zieht, hunderte von Lichtjahren groß und eines der aktivsten Sternentstehungsgebiete in unserem Teil der Milchstraße. Der Pferdekopfnebel veranschaulicht ziemlich gut das Problem, das wir mit diesen Staubwolken haben: Sie blockieren das Licht und uns somit die Sicht auf das, was dahinter liegt. Die Form des Pferdekopfes besteht aus einer dichten, kalten Staubwolke, deren Silhouette sich vor dem rötlichen Licht einer Wasserstoff-Gaswolke im Hintergrund abzeichnet. Die Hintergrundwolke leuchtet tatsächlich von selber – sie wird von nahen Sternen zum Leuchten angeregt. Das Licht der leuchtenden Gaswolke wird von der Staubwolke absorbiert. Genau das Gleiche passiert auch mit dem Licht der Sterne, das von der anderen Seite der Milchstraße zu uns kommt: Es wird von all dem dazwischenliegenden Staub in der Ebene der Sternenscheibe absorbiert. Der Staub konzentriert sich aufgrund seiner physikalischen Eigenschaften viel stärker in der flachen Ebene der Milchstraße als die Sterne selbst. Darum wird das helle Band der Milchstraßensterne von einem dunklen Band des Milchstraßenstaubs durchzogen. Oberhalb und unterhalb des dunklen Bandes sieht man etwas mehr Sternenlicht – weil: weniger Staub. Besonders gut sichtbar ist der Staub in Richtung Zentrum der Milchstraße, dort, wo das milchige Band etwas dicker und heller wird, weil dort natürlich auch die Sternendichte höher ist.

Auf der Nordhalbkugel blicken wir ja leider weg vom galaktischen Zentrum und sehen darum das Zentrum der Milchstraße nur in den kurzen Sommernächten, und da auch nur knapp über dem Horizont. Auf der Südhalbkugel steht das Zentrum der Milchstraße in ihrer ganzen Pracht hoch am Himmel. In Australien kann man im Licht der Milchstraße angeblich Zeitung lesen. Die staubigen Dunkelwolken sind vor dem helleren Sternenhintergrund so markant, dass die Aborigines eine mythologische Gestalt in diesen Dunkelwolken sahen, den *Emu in the Sky*. Das klingt zwar romantisch, allerdings wäre ohne den interstellaren Staub-Emu der Nachthimmel dort und natürlich auch bei uns noch wesentlich heller und spektakulärer. So aber bleibt unseren Augen das galaktische Zentrum und weite Teile der Milchstraße verborgen.

Die Milchstraße ist also eine flache, runde, sich drehende Scheibe aus Sternen, Gas und Staub. Man kann sich die Struktur unserer Galaxie ein bisschen wie ein Wagenrad vorstellen, aber eines, das sich vielleicht gerade in seine Einzelteile zerlegt. Das ganze Gebilde dreht sich zwar gemeinsam, aber es rotiert nicht starr. Das heißt, die Sterne haben unterschiedliche Geschwindigkeiten, je nachdem, wie weit sie vom Zentrum der Galaxie entfernt sind. Vom Zentrum aus steigt die Geschwindigkeit der Sterne auf ihrer Bahn ums Zentrum rasch an, bis sie etwa dort, wo die Spiralarme ansetzen, ihre höchste Geschwindigkeit erreichen. Die Rotationsgeschwindigkeit wird noch weiter außen zwar wieder ein wenig langsamer, bleibt aber auf einem konstant hohen Niveau. Da der Weg, den die Sterne hier zurücklegen müssen, aber immer länger wird, brauchen sie auch immer länger für eine Umrundung des Milchstraßenzentrums und werden von den näher am Zentrum liegenden Sternen überholt. Könnten wir die Milchstraße im Zeitraffer von oben betrachten, sähe sie aus wie eine Kaffeetasse, in der umgerührt wird, nur ohne Löffel. Dessen Funktion übernimmt die Gravitation. Die gesamte Masse der Galaxie und die Art und Weise, wie diese Masse verteilt ist, bestimmt die Geschwindigkeit der Sterne auf ihrer Bahn um das Galaktische Zentrum.

Die Sonne bewegt sich auf ihrer Bahn mit etwa 220 Kilometern *pro Sekunde*. Das sind etwa 800 000 km/h. Für eine ganze Runde um die Galaxis brauchen wir etwa 240 Millionen Jahre, d. h. während drei Viertel der letzten Runde wurde unser Planet von Dinosauriern dominiert. Wir bewegen uns dabei auch nicht nur im Kreis, sondern auch leicht auf und ab. Die Sonne bewegt sich in regelmäßigen Abständen von etwa 30 bis 40 Millionen Jahren durch die Sternenscheibe nach oben und dann wieder nach unten, sie oszilliert, surft auf ihrer wellenförmigen Bahn auf und ab wie ein Pferdchen in einem galaktischen Karussell. Die Sterne in unserer Nachbarschaft haben ihre eigene Bahn und dementsprechend auch ihre eigenen, leicht unterschiedlichen Geschwindigkeiten. Unser Sternendorf driftet im Laufe der Zeit langsam auseinander und wird von neuen, anderen Sternen besiedelt. Die Sonne hat sich in den 5 Milliarden Jahren ihres Lebens daher schon mit vielen verschiedenen Nachbarn auseinandersetzen müssen. Ihre Geschwister, also die Sterne, mit denen sie gemeinsam entstanden ist, sind schon lange in verschiedene Richtungen davongeflogen.

Woher wissen wir das alles? Das ist wahrscheinlich die häufigste Frage, die im Sternenzelt gestellt wird, und sicher eine der besten: Denn nicht nur die Fakten, sondern die Methoden dahinter sind das eigentlich Faszinierende. Fast alles, was wir vom Universum wissen, wissen wir ganz einfach, weil wir es sehen können. Das Licht, das in Sternen erzeugt wird, trägt die Information seines Ursprungs, also Position, Geschwindigkeit sowie Temperatur und Zusammensetzung des Sterns mit sich. Und noch viel mehr als das: Licht interagiert mit dem Material, das es auf seiner Reise durch den Raum durchquert. Auch diese Information über die Eigenschaften des interstellaren Materials steckt daher im Licht, das wir beobachten. Wir müssen es nur richtig detektieren und zerlegen, um an die Informationen ranzukommen.

Vieles im Universum sehen wir schon mit freiem Auge. Sogar das Licht der 2,5 Millionen Lichtjahre entfernten Sterne in der Andromedagalaxie ist ohne Hilfsmittel einfach so am Himmel zu beobachten (wenn man weiß, wo sie ist). So richtig schlau wird man aus dem Universum aber nur mithilfe von Teleskopen und entsprechenden Detektoren, Kameras, Photonenzählern, Spektrographen und so weiter. Was unser Wissen über die Milchstraße und ihre Sternbevölkerung betrifft, gibt es ein Teleskop, das durch die unglaubliche Menge an Informationen, die es gesammelt hat, heraussticht: das Gaia Weltraumteleskop. Bis Dezember 2020 hat Gaia unglaubliche 1,8 Milliarden Sterne 6-dimensional vermessen, also ihre Position und Geschwindigkeit in jeweils 3 Raumrichtungen bestimmt. Aus diesen Daten lässt sich nicht nur die genaue räumliche Verteilung der Sterne, also die 3D-Gestalt der Milchstraße rekonstruieren, sondern teilweise auch ihre Entstehungsgeschichte entschlüsseln und in ihre Zukunft blicken. Wir können die Bahnen der Sterne über hunderttausende oder sogar Millionen Jahre zurückverfolgen und vorausberechnen. Das ist für ein Sternenleben nur eine kurze Zeitspanne, aber immerhin. Der endgültige, komplette Datensatz steht zwar noch aus und wird 2022 erwartet, aber aus den bisher verfügbaren Daten wissen wir mit Sicherheit, dass die Milchstraße nicht nur Spiralarme, sondern auch einen Balken hat. Ein Balken ist eine längliche, fast rechteckige Formation von Sternen, die das kugelförmige Zentrum einer Galaxie (den Bulge) mit ihrer flachen Scheibe verbindet. Die Spiralarme beginnen dann an den beiden Enden dieses kastenförmigen Bal-

DIE MILCHSTRASSE – DAS GALAKTISCHE KARUSSELL

kens. Dieses Phänomen sehen wir zwar auch in vielen anderen Galaxien, aber dass die Milchstraße selbst einen Balken hat, war dann doch eine Überraschung. Genauso überraschend ist auch die neue, präzisere Abschätzung der Masse der Milchstraße, die durch Gaias genauere Entfernungs- und Geschwindigkeitsmessungen von Sternhaufen in den Randbereichen der Milchstraße möglich wurde: Die Galaxis ist vermutlich um 50 % schwerer, als wir bisher gedacht haben. Damit ist die Milchstraße nicht mehr Nummer 2 in unserer lokalen Galaxiengruppe, sondern ihrer nächsten großen Nachbargalaxie, der Andromedagalaxie, ebenbürtig.

Und auch die unsichtbaren Dinge im Universum können wir »sehen« – sofern es sich dabei um normale Materie handelt. Der ärgerliche Staub zum Beispiel, der Licht absorbiert und die Sterne dahinter unsichtbar macht, kann auch »sichtbar« gemacht werden. Das absorbierte Licht verschwindet nämlich nicht einfach, sondern wird entsprechend der Temperatur des Staubes als Wärmestrahlung wieder abgegeben. Alles, was eine Temperatur hat, gibt elektromagnetische Strahlung ab. Sichtbares Licht ist ja nur ein ganz kleiner Teil dieser elektromagnetischen Strahlung, und zwar der Bereich, in dem die Sonne ihrer Temperatur entsprechend am meisten Strahlung abgibt. Wenn man sich die Farben des Regenbogens übereinandergestapelt vorstellt, dann geht es über Violett und unter Rot in beide Richtungen weiter; heißere Dinge strahlen mehr im Ultravioletten und darüber hinaus im Röntgen- und Gammastrahlungsbereich, während kühlere Dinge, wie der interstellare Staub, im Infraroten sichtbar sind. Jeder Temperatur entspricht eine bestimmte Farbe: heiße Sterne strahlen eher bläulich, weniger heiße Sterne sind gelb und je weniger heiß sie sind, desto rötlicher leuchten sie. All die unterschiedlichen, unsichtbaren Farben können wir zwar nicht mit unseren angewachsenen Sensoren, dafür aber mit verschiedenen künstlichen Detektoren gut beobachten. Mit Infrarotteleskopen können wir die Eigenschaften des Staubes, aber auch die des Lichts, das die Staubwolken aufgewärmt hat, rekonstruieren und herausfinden, was sich dahinter verbirgt – wie zum Beispiel ein gigantisches Schwarzes Loch, wie es beim Zentrum der Milchstraße der Fall ist, und für dessen Nachweis im Herbst 2020 zwei Teams von Forscherinnen und Forschern den Physik-Nobelpreis erhalten haben.

Alles, was wir wissen, wissen wir mit einer gewissen Unsicherheit. Das ist keine Schwäche der Wissenschaft, sondern liegt in der Natur der Sache. Oft fragen mich Leute, Moment mal, sind es nun 200 oder 300 Milliarden Sterne? Ich habe kürzlich von den 100 Milliarden Sternen der Milchstraße gelesen. Und wer weiß, vielleicht sind es sogar 400 Milliarden. Die exakte Zahl bis auf den letzten Stern genau lässt sich nicht feststellen, nicht nur, weil es so viele und weil sie so weit weg sind. Die Frage selbst ist schon problematisch, und das Problem dabei ist: Wann ist jetzt? Das Licht der Sterne von der anderen Seite der Milchstraße braucht ja zigtausende von Jahren, bis es bei uns ist. Es werden zwar nur wenige, aber doch einige dieser Sterne in der Zwischenzeit explodiert sein (und nein, keiner der 6000 Sterne, die wir am Himmel sehen, ist schon explodiert, ganz einfach, weil Sterne so irrsinnig lange leben), und genauso sind sicher schon zigtausende neue Sterne in der Zwischenzeit dort entstanden. Eine Momentaufnahme der Galaxie »von oben« gibt es nicht, das Konzept der Gleichzeitigkeit ist eine Illusion. Die Anzahl der Sterne in der Milchstraße wird für uns immer nur eine Schätzung sein. Die Genauigkeit können – und werden – wir sicher noch verbessern, aber wir werden nie sagen können, dass es 314 159 265 358 Sterne sind. Und eigentlich ist das ja auch egal.

Ein Universum voller Galaxien

In der chilenischen Wüste

Die Sonne steht halbhoch am staubig-beige-blauen Himmel und blendet. Nach gut zwei Monaten in Chile habe ich mich mittlerweile daran gewöhnt, dass die Sonne hier zu Mittag im Norden steht, und nicht wie bei uns im Süden. Mein internes GPS vollführt schon fast automatisch die 180-Grad-Drehung, die mein Nordhalbkugelgehirn zur richtigen Orientierung braucht – nur manchmal bin ich noch kurz verwirrt und muss mich daran erinnern: *ah, andersrum.* Die ersten Tage in Santiago waren komisch, andauernd habe ich mich verirrt, bin immer in genau die falsche Richtung gelaufen, und war schon ganz verzweifelt (*ICH* verlaufe mich doch *NIE*!), bis ich in einem plötzlichen Aha-Erlebnis erkannte, dass ich mich anscheinend automatisch an der Sonne orientiere. Jetzt gerade steht sie ziemlich genau nördlich von mir und ein paar hundert Meter vor mir, Richtung Westen, hinter der Palmenallee, da ist das Meer.

Es ist kurz vor 12 Uhr. Ich sitze auf einer Bank vor dem Busbahnhof in La Serena und warte auf das für 11:30 Uhr angekündigte ESO-Staff-Shuttle zum La Silla Observatorium. Normalerweise fährt es direkt vom Flughafen los, aber heute wurde extra für mich ein Zwischenstopp am Busbahnhof organisiert, weil ich und mein ökologisches Gewissen die 6-stündige Busfahrt von Santiago einem Kurzstreckenflug vorziehen. Ich verspüre ein seltsames Kribbeln in der Magengegend bei dem Gedanken, dass das Shuttle der Europäischen Südsternwarte mit den *professional astronomers* nun für mich – die Studentin – einen Umweg macht. Obwohl, eigentlich gehöre ich jetzt ja zu ihnen, bin ich doch auf einem offiziellen und bezahlten ESO-Studentship für PhD-Student:innen für vier Monate in Santiago und nun auf dem Weg nach La Silla, um dort für vier Nächte zu *arbeiten* und nicht etwa nur auf Besuch. Ein weißer Kleinbus biegt vor mir ein, etwas schäbig, aber sofort erkenne ich das kleine blaue Logo des *European Southern Observatory* (ESO) auf der Beifahrertür. Ich springe erleichtert auf und der Fahrer im blauen Hemd und mit dunkler Sonnenbrille springt aus dem Sitz, lässig und effizient, um mir zugleich meinen Rucksack abzunehmen und die Tür zu öffnen. Wir düsen los, lassen das staubige La Serena hinter uns und fahren auf die allgegenwärtige Bergwand der Anden zu. Zwei Stunden werden wir unterwegs sein durch die wüstenartige Landschaft, die mit jeder Kehre noch wüstenartiger wird, der Himmel hinter jeder Kurve noch ein bisschen blauer als zuvor. La Silla ist eines der größten Observatorien auf der Südhalbkugel und war das erste Observatorium der ESO in Chile, erbaut in den späten 1960er Jahren. Der Name La Silla – spanisch für der Stuhl oder der Sattel – deutet auf die ideale Topographie des Orts hin: eine alleinstehende, langgezogene und flache Bergkuppe, hoch gelegen und abseits jeglicher Zivilisation und Lichtverschmutzung, aber doch nicht allzu schwer zu erreichen – und außerdem in Besitz des chilenischen Staates, der den Berg zu einem Spottpreis an die Europäische Südsternwarte verkaufte.

Der Wagen arbeitet sich Serpentine um Serpentine die 2400 Höhenmeter empor, zum x-ten Mal biegen wir ein klein wenig zu schnell um die Kurve und plötzlich ist sie da: die Silhouette des Berges direkt vor uns, gelbbraun vor strahlend blauem Hintergrund, der Grat gespickt mit kleinen weißen Kuppelchen –

mir bleibt fast das Herz stehen. Wir sind da. Die Aufregung steigt mir in den Kopf wie ein paar zu schnell getrunkene Gläser Prosecco.

Für mich ist es mein erster *richtiger* Beobachtungsrun, wenn wir mal von einer verregneten Nacht am niederösterreichischen Leopold-Figl-Observatorium, das von der Universitätssternwarte in Wien betrieben wird, absehen. Und nicht nur die klimatischen Bedingungen spielen hier in einer anderen Liga. La Silla ist ja nicht nur ein einzelnes Teleskop, sondern ein Teleskope-Park. Die Kuppeln der Teleskop-Behausungen reihen sich entlang des Grats aneinander, eine schillernder als die andere. Insgesamt beherbergte La Silla über die letzten 50 Jahre hinweg bis zu 23 verschiedene Teleskope unterschiedlichster Größen, vom knapp 40 Zentimeter kleinen Marseille Teleskop bis hin zum 15 Meter großen Swedish Submillimetre Telescope, das kurzwellige Radiostrahlung beobachtet und wie eine Satellitenantenne aussieht. Heute sind noch knapp die Hälfte dieser Teleskope in Betrieb – neben einigen kleineren teilweise neuen und innovativen Geräten sind es die drei größeren optischen Teleskope La Sillas: das ESO/MPG 2.2 m mit seiner auffälligen silbernen Kuppel, das New Technology Telescope *NTT*, das mit seiner Technik quasi der Vorläufer des berühmten *Very Large Telescopes* ist, und das ESO 3,6 m, die Königin des Ensembles, das auf einem separaten kleinen Hügel am höchsten Punkt und Ende der Teleskop-Parade thront.

Die beiden letzteren waren die Teleskope, mit denen ich die kommenden Nächte arbeiten sollte. Die Daten des 3,6 m Teleskops kannte ich schon aus meiner Diplomarbeit, in der ich die Morphologie und Dynamik von Galaxien in Galaxiengruppen untersuchte. Die Beobachtungen hatte damals aber jemand anderes für mich gemacht – ich bekam nur die beobachteten Rohdaten und Kalibrationsdateien zur Bearbeitung zugeschickt. Diesmal aber würde *ich* die Beobachtungen für jemand anderen machen. Na ja – ich würde als Assistentin der Staff-Astronomin fungieren, die Person, die für diese Woche die Beobachtungen an NTT und 3,6 m Teleskop durchführen würde und die gleichzeitig auch meine Betreuerin während meines Studentships bei der ESO ist. Aber immerhin! Zuerst sind die Kalibrationsaufnahmen dran: Noch während der Dämmerung, kurz nach Sonnenuntergang, werden die sogenannten *biases* und *flat-fields* aufgenommen – kurze Aufnahmen, die den gleichmäßig ausgeleuchteten blassblauen Himmel ausnutzen, um Unregelmäßigkeiten in der Sensitivität des Detektors auf die Spur zu kommen. Als *assistant telescope operator* (das war der Titel, den ich mir selber gegeben hatte) ist es dann meine Aufgabe, aus verschiedenen Listen die jeweils passenden photometrischen Standardsterne rauszusuchen. Zwar keine besonders glamouröse, aber doch eine wichtige Aufgabe, denn nur durch den Vergleich mit diesen Standardsternen kann die Helligkeit der Galaxien in den entstehenden Aufnahmen bestimmt werden. Die Beobachtungen selber wurden von den jeweiligen Astronom:innen, die sie in Auftrag gegeben haben, mit einer bestimmten Software vorbereitet. Wir müssen sie nur noch ausführen, aber natürlich mit den richtigen Wetterbedingungen und zur richtigen Zeit, denn die Uhr tickt und die Erde dreht sich viel zu schnell weiter.

Die Drehung der Erde haben die Beobachter:innen am NTT früher noch viel stärker bemerkt. Meine Betreuerin erzählt mir, dass ich Glück habe, denn bis 2003 war der Kontrollraum des NTT direkt im rotierenden Teleskopgebäude untergebracht, was anscheinend bei vielen Leuten für eine leichte Desorientierung gesorgt hat. Das Design des Teleskops ist so gestaltet, dass sich – um die Rotation der Erde auszugleichen – nicht wie gewöhnlich nur das Teleskop selbst, sondern das ganze Gebäude dreht. Die Kuppel des Teleskops ist auch gar keine Kuppel, sondern ein achteckiger Aufbau, dessen Wände aus Lüftungsklappen bestehen. Damit werden Turbulenzen innerhalb der Teleskopkuppel minimiert und die Bilder außerordentlich scharf. Der dreieinhalb Meter große Spiegel des NTT ist flexibel, verformbar und wird mit kleinen Metallstiften, den sogenannten *actuators,* in seine optimale Form gebracht. Diese optimale Form wird dann permanent mit speziellen Wellenfrontsensoren überwacht und dementsprechend korrigiert, damit das Teleskop seine perfekte Optik beibehält. Das NTT war das erste, das diese damals neue und revolutionäre Technologie verwendet hat, darum auch der Name *New Technology Telescope.* Mittlerweile gehört diese sogenannte aktive Optik zur Standardbauweise bei allen großen Teleskopen.

Auch in La Silla hat sich seit dem Bau der drei großen Teleskope einiges verändert. Das 3,6 m Teleskop zum Beispiel bekam kurz vor meinem Besuch HARPS, den *High Accuracy Radial Velocity Planet Searcher,* ein Instrument, das nach Exoplaneten sucht, Planeten, die um andere Sterne kreisen. HARPS hat bis heute an die 150 Exoplaneten entdeckt, was es zum zweiterfolgreichsten Planetensucher gleich nach dem Kepler Weltraumteleskop macht. Das Instrument sucht nach dem marginalen Wackeln von Sternen, das durch die Gravitation eines (oder mehrerer) Planeten verursacht wird und sich in der Größenordnung von einigen km/h befindet. HARPS kann also beobachten, wie ein Stern, ein Millionen Kilometer großer Plasmaball, mit Gehgeschwindigkeit hin und her wackelt, weil er von einem Planeten umkreist und abwechselnd in die eine und dann wieder die andere Richtung gezogen wird. Nur zum Vergleich: Das EFOSC2, mit dem ich meine Galaxien untersuche, hat eine Genauigkeit von einigen zehntausend km/h. Das ist die Geschwindigkeit, mit der die Internationale Raumstation um die Erde fällt. HARPS hat auch den ersten Planeten um einen sonnenähnlichen Stern gefunden. Aber die wahrscheinlich beeindruckendste Erkenntnis von HARPS ist eine statistische: Aus den gesammelten Ergebnissen konnte abgeschätzt werden, dass es in der Milchstraße einige Milliarden Gesteinsplaneten geben muss, die sich in der habitablen Zone (also dort, wo flüssiges Wasser vorhanden sein kann) rund um rote Zwergsterne befinden, der kleinste und häufigste Sterntyp in der Galaxis. *Mehrere Milliarden* Gesteinsplaneten in der habitablen Zone, und das nur in unserer Galaxie!

»That's it«, sagt meine Kollegin lapidar. Ich schaue sie an, anscheinend mit einem ziemlich verwirrten Blick, denn sie wiederholt: »That's it for tonight.« Oh! Na klar. Es ist zwar noch stockdunkel draußen, aber die Zeit des maximal dunklen Himmels muss bald vorbei sein. Es ist kurz vor 6 Uhr morgens, die astronomische Dämmerung beginnt in 10 Minuten.

Als wir den Kontrollraum verlassen, ist es kurz nach 7 Uhr, kurz vor Sonnenaufgang und gut 14 Stunden, nachdem wir unsere Arbeit im Kontrollraum begonnen haben. Das NTT in seinem eckigen Gehäuse links von mir, das 3,6 m rechts von mir auf seinem Hügelchen, wie auf einem Podest, und genau vor uns – ein riesiger Fuchs. Das Tier lebt hier anscheinend im Einklang mit der modernen Technik und beobachtet gerne von seinem Lieblingsplatz vor dem Kontrollraum aus die seltsamen Zweibeiner, die hier mit Sonnenuntergang verschwinden und mit der aufgehenden Sonne wiederkommen – und vielleicht manchmal etwas Essbares erübrigen können. Plötzlich ist die Stirn des Andenfuchses noch röter als vorher – gemeinsam blinzeln wir der Sonne entgegen, die sich gerade über die östliche Hügelkette schiebt.

Die Sonne ist ein normaler Stern, ziemlich genau in der Mitte ihrer Lebenszeit, nicht mehr ganz jung, aber auch noch nicht alt. Sie ist wohl etwas größer, etwas heißer als der Durchschnittsstern, aber sicher nichts Außergewöhnliches. Unser Planet hingegen ist mit Sicherheit etwas Besonderes, der einzige Ort im Universum, von dem wir wissen, dass er Leben beherbergt. Aber die Erde ist sicher nicht der einzige Ort, an dem die Entwicklung von Leben möglich ist. Seit der Entdeckung des ersten Exoplaneten vor etwa 25 Jahren wissen wir heute, vor allem Dank der revolutionären Beobachtungen von HARPS und dann natürlich des Kepler Weltraumteleskops, dass die meisten Sterne auch Planeten haben und dass unser Planetensystem mit seinen 4 Gasriesen und 4 Gesteinsplaneten auch nicht ungewöhnlich zu sein scheint. Aber sind wir – ist die Milchstraße – auch eine normale Galaxie?

Um zu wissen, was normal ist, müssen wir uns zuerst mit anderen Galaxien vergleichen. Dabei ist es noch nicht mal 100 Jahre her, dass wir wissen, dass es so etwas wie *andere* Galaxien überhaupt gibt. Die verschwommenen, nebeligen Fleckchen am Himmel kannte man schon seit Langem. Schon im 18. Jahrhundert wurden über 100 davon von Charles Messier penibel kartographiert und katalogisiert, aber niemand wusste, wie weit sie von uns entfernt sind. Niemand wusste, ob sie eher kleinere Gebilde und Teil unserer Milchstraße waren, wie die vielen Kugelsternhaufen im Halo der Milchstraße, oder ob sie gigantische, weit entfernte, eigenständige Sternensysteme wie die Milchstraße selbst waren. Die große Frage, die sich zu Beginn des 20. Jahrhunderts stellte, war die: Ist die Milchstraße die einzige Galaxie, ist sie *das Universum,* oder ist sie eine von vielen, einander ähnlichen Milchstraßen in einem Universum von noch gigantischeren Ausmaßen? Die tatsächliche Größe der spiralförmigen Nebel würde leicht auf ihre Entfernung schließen lassen und umgekehrt, aber sowohl die Entfernung als auch die Größe der Nebel waren zu dem Zeitpunkt praktisch unmöglich zu bestimmen. Für beide Optionen gab es gute Argumente, die astronomische Fachwelt war in zwei Lager geteilt. Diese Auseinandersetzung gipfelte in der *Great Debate*, einer öffentlichen Debatte zwischen den beiden US-amerikanischen Astronomen Harlow Shapley und Heber Curtis, prominenteste Vertreter des jeweiligen Lagers, die im April 1920 im *Smithsonian Museum of Natural History* in Washington DC stattfand. Beide präsentierten ihre Ergebnisse und Rückschlüsse daraus in einem Vortrag, und im Anschluss daran gab es eine lebhafte Diskussion. Shapley war der Meinung, dass es sich bei der Milchstraße um das gesamte Universum handelt, und dass die beobachteten Spiralnebel in den Außenbereichen der Milchstraße liegen. Dafür sprach die Größe dieser Spiralnebel: Wenn M31, die Andromedagalaxie, so groß wäre wie die Milchstraße, müsste sie zig Millionen Lichtjahre von uns entfernt sein – eine damals für die meisten Astronomen absurd weite Entfernung, die einfach extrem unplausibel erschien. Dazu kam die Beobachtung einer Nova, also eines explodierenden Sterns, im Andromedanebel M31. Diese Novae hatte man auch schon in der Milchstraße beobachtet, allerdings hatte die M31-Nova für kurze Zeit den gesamten Andromedanebel überstrahlt. Handelte es sich bei M31 um eine ganze Galaxie, entspräche das einer unvorstellbaren und unerklärbaren Energiemenge, die bei dieser Explosion hätte freigesetzt werden müssen. Unglücklicherweise war seit der Erfindung des Teleskops in der Milchstraße keine Supernova beobachtet worden. Eine Supernova – ein Begriff, der erst ein Jahrzehnt später in den frühen 1930er Jahren vom großen Fritz Zwicky ins Leben gerufen werden sollte und der absurd energiereiche Explosionen bezeichnet, die am Lebensende von sehr massereichen und darum auch sehr seltenen Sternen stattfinden – hätte den gigantischen Energieausbruch gut erklären können. Ihre Existenz war aber damals noch nicht etabliert, und darum schien es Shapley schier unmöglich, dass die Sternexplosion und mit ihr M31 so weit weg sein könnte.

Curtis hingegen argumentierte, dass Andromeda und die anderen Nebel sehr wohl eigene Galaxien waren. Er konnte zeigen, dass die Anzahl der beobachteten Novae in M31 größer war als die in der Milchstraße – und warum in aller Welt sollten in einem kleinen Nebel, der Teil der Milchstraße war, mehr Sterne explodieren als in der gesamten Milchstraße zusammen? Er hatte auch die dunklen Streifen in Andromeda korrekterweise als Staubwolken identifiziert, vergleichbar mit denen in der Ebene der Milchstraße. Für Curtis war die Milchstraße kleiner als angenommen und nur eine von vielen, in einem riesigen Universum voll mit anderen Galaxien.

Die Lösung des Problems lieferte Edwin Hubble erst 3 Jahre später, als es ihm gelang, einen Cepheiden in M31 zu identifizieren. Cepheiden sind eine besondere Art von veränderlichen Sternen, pulsierende Sterne, die in regelmäßigen Intervallen ihre Größe und damit auch ihre Helligkeit ändern. Hubbles Entdeckung alleine hätte ihm aber nichts genutzt, wenn nicht gut 10 Jahre zuvor Henrietta Leavitt eine grundlegende Eigenschaft der Cepheiden erkannt hätte: ihre Perioden-Leuchtkraft-Beziehung. Leavitt arbeitete als *Computer* im Harvard-Observatory. Ihre Aufgabe war, die Helligkeit von Sternen auf fotografischen Platten zu vermessen, um veränderliche Sterne zu identifizieren. Frauen wurden zu dem Zeitpunkt üblicherweise nicht als Astronominnen angestellt, sondern als Rechnerinnen: billige Arbeitskräfte, die unliebsame und eintönige Arbeiten durchführten. Die direkte Verwendung der Teleskope war für sie nicht vorgesehen. Leavitt klassifizierte Hunderte von veränderlichen Sternen in den Magellanschen Wolken – den zwei kleinen Nachbargalaxien der Milchstraße, von denen zu dem Zeitpunkt natürlich noch niemand wusste, dass sie eigene Galaxien waren – und bemerkte, dass die helleren dieser veränderlichen Sterne längere Perioden hatten. Alle dieser Cepheiden wurden ganz regelmäßig heller, dann weniger hell, und schließlich wieder heller und so weiter, aber bei den helleren Sternen ging diese Helligkeitsschwankung über einen längeren Zeitraum vor sich. Je heller der Stern, desto länger die Periode der Helligkeitsänderung. Mit diesem einfachen Zusammenhang lässt sich also aus der Beobachtung der Helligkeitsveränderung über einen gewissen Zeitraum die absolute Leuchtkraft dieser Sterne bestimmen. Und wenn ich weiß, wie hell ein Stern wirklich ist, weiß ich auch wie weit er entfernt sein muss. Mit Leavitts Entdeckung konnte also aus der Periode ihrer Helligkeitsveränderung die tatsächliche Entfernung dieser Sterne bestimmt werden. Als Hubble den Cepheiden in Andromeda identifizierte und seine scheinbare Helligkeit und Periode bestimmte, wusste er dank Leavitts Perioden-Leuchtkraft-Beziehung nach einer schnellen Rechnung auf einem Blatt Papier, dass dieser Stern nicht nur ein paar Tausend, sondern ein paar Millionen Lichtjahre entfernt sein musste. Auch wenn die Milchstraße ein paar hunderttausend Lichtjahre groß war, musste der Cepheide und damit auch M31 mit dieser riesigen Entfernung weit außerhalb der Milchstraße liegen. Er hatte eine andere Galaxie entdeckt.

Praktischerweise sind Cepheiden sehr helle Sterne, weshalb sie auch gut in anderen Galaxien und in bis zu etwa 30 Millionen

Lichtjahren Entfernung beobachtbar sind. Vor Leavitts Entdeckung hatte die Astronomie keine Möglichkeit, Entfernungen zu bestimmen, die über ein paar hundert Lichtjahre hinausgehen. Nach ihrer revolutionärer Entdeckung und schon vor der *Great Debate* hatte Shapley selbst Cepheiden verwendet, um die Milchstraße neu zu vermessen. Es gelang ihm damit nicht nur eine gute Abschätzung ihrer Größe, sondern auch die korrekte Bestimmung der Position der Sonne weit ab vom Zentrum der Milchstraße. Curtis hingegen, der damit richtig lag, dass die Milchstraße bei Weitem nicht das ganze Universum war, glaubte, dass sich die Sonne im Zentrum einer kleineren Milchstraße befand. Im Endeffekt hatten also wie so oft beide ein bisschen recht. Als Shapley 1921 den Vorstand des Harvard Observatoriums übernahm, machte er Henrietta Leavitt zum Head of Stellar Photometry. Noch im selben Jahr verstarb Leavitt im Alter von nur 56 Jahren an Krebs. Heute wissen wir, nicht zuletzt dank ihrer Arbeit, dass die Milchstraße eine von wahrscheinlich ein bis zwei Billionen Galaxien in unserem Universum ist.

Leben wir in einer Durchschnittsgalaxie?

Beginnen wir unseren Vergleich am Besten mit unserer Nachbarin: M31, der Andromedagalaxie. Vergleiche ergeben ja nur Sinn, wenn man genug Informationen zur Verfügung hat, und die haben wir bei M31. Kurz gesagt: M31 ist der Milchstraße erstaunlich ähnlich. Lange Zeit hieß es, die Andromedagalaxie sei unsere große Schwester. Was die sichtbare Ausdehnung der Galaxie angeht, trifft das zwar immer noch zu, allerdings haben neuere Messungen in den letzten Jahren sowohl die Größe der Milchstraße als auch ihre Masse nach oben korrigiert. Die Milchstraße hat einen Durchmesser von mindestens 150 000 Lichtjahren, es wurden aber vereinzelt auch weiter draußen bei bis zu 200 000 Lichtjahren Durchmesser Sterne gesichtet, deren chemische Zusammensetzung zur Milchstraße passt. Die Sternenscheibe der Andromeda hat etwa 220 000 Lichtjahre Durchmesser, ist also nur ein wenig größer. Die beiden Galaxien scheinen sich also ähnlicher zu sein als bisher angenommen. Auch die Masse der beiden Spiralgalaxien ist fast gleich groß und liegt bei rund 1,5 Billion Sonnenmassen (ja genau: eineinhalb Billionen Mal die Masse unserer Sonne). Gesamtmasse wohlgemerkt, nicht nur die sichtbare Masse der leuchtenden Sterne. Denn was die Anzahl dieser angeht, ist uns Andromeda nun wirklich überlegen: Sie enthält knapp eine Billion Sterne, im Gegensatz zu den 200–400 Milliarden Sternen in der Milchstraße. Die beiden Galaxien scheinen also eine sehr ähnliche Gesamtmasse zu haben, wobei M31 etwas ausgedehnter als die Milchstraße ist und wesentlich mehr leuchtende Sterne enthält. Lustigerweise sind die Eigenschaften der Andromedagalaxie viel einfacher zu bestimmen, da wir sie gut beobachten können. Die meisten Sterne der Milchstraße sind für uns ja durch die galaktische Scheibe selbst, das Gas, den Staub und alles, was sonst noch dazwischen liegt, gar nicht so leicht zu beobachten. Mithilfe des phantastischen Gaia Weltraumteleskops haben wir aber in den letzten Jahren einiges über unsere eigene Galaxie dazugelernt.

Auch in ihrer Struktur sind sich Milchstraße und M31 sehr ähnlich, beide Galaxien bestehen aus 3 Hauptkomponenten: 1. Eine Scheibe aus Sternen, Gas und Staub, in der sich laufend neue Sterne bilden; 2. ein kugelförmiger Zentralbereich, der sogenannte *Bulge* (sprich »Baldsch«; englisch für »Wölbung«), in dem sich eher ältere Sterne befinden; und 3. ein ausgedehnter, sphärischer *Halo*, die Galaxienhülle, die hauptsächlich aus einzelnen Kugelsternhaufen besteht. Diese Kugelsternhaufen sind kompakte, kugelförmige Ansammlungen von zig tausenden Sternen, die meist die ältesten Sterne der Galaxis sind. Diese drei Hauptkomponenten finden wir auch in etwa 80 Prozent der großen Galaxien im näheren Universum: Sie bilden zusammen die große Familie der Spiralgalaxien.

Alles dreht sich im Universum

Aber warum ist die Milchstraße (und auch die meisten anderen Galaxien) nicht einfach eine Kugel? Dass Gebilde, die den Kräften der Gravitation unterliegen, rund sind, ist einleuchtend. Die eigene Schwerkraft zieht von allen Seiten nach innen und bildet so eine Kugel. Aber woher kommt die flache, Frisbee-artige Scheibenform der Galaxien? Es gibt zwei Hauptgründe dafür: erstens die Drehimpulserhaltung und zweitens die Tatsache, dass unser Universum drei Raumdimensionen hat. Bei jedem System, sei es eine sich bildende Galaxie oder ein Planetensystem oder seien es die Ringe des Saturn, gibt es eine Haupt-Drehrichtung, eine wenn auch noch so kleine Rotationsbewegung, die von Anfang an da war. Alles dreht sich im Universum. Und fängt die Schwerkraft, die eigene Gravitation des Systems dann an, nach innen, zum Zentrum hin zu ziehen, wird diese Rotation durch die Drehimpulserhaltung beschleunigt. Unser Physikprofessor im ersten Semester hat damals mit seinen knapp 70 Jahren, den wackeligen kleinen Drehstuhl auf das massive Holzpult im Hörsaal gehievt, ist hinaufgeklettert und hat sich mit ausgestreckten Armen darauf langsam in Drehung versetzt. »Und jetzt! Schaun Sie genau hin!«, hat er voller Aufregung gerufen und seine Arme vor seiner Brust verschränkt – und tatsächlich drehte er sich plötzlich ein wenig schneller. Ein bisschen viel Aufregung für einen nicht wahnsinnig spektakulären Versuch, haben wir uns damals gedacht, aber wenn ich heute eine Spiralgalaxie sehe, denke ich an ihn. Wenn ich die Planeten in ihrer Ebene am Himmel stehen sehe, hab ich den alten, sich begeistert drehenden Professor vor mir und denke: Wie recht er doch damit hatte, begeistert zu sein! Überall im Universum das gleiche Phänomen, die gleichen Grundsätze. Der Drehimpuls ist das Produkt aus Masse, Drehgeschwindigkeit und Ausdehnung des sich drehenden Dinges, und ist eine Art Grundzustand eines Systems, der immer gleich, der *erhalten* bleibt. Das heißt, wenn etwas kleiner wird, dreht es sich schneller. Die Drehimpulserhaltung führt dazu, dass sich entstehende Galaxien oder Planetensysteme schneller drehen und abflachen. Das Phänomen, das noch dazu kommt, ist die Sache mit den Dimensionen. Bei einer bevorzugten Drehrichtung (die es praktisch immer gibt) stoßen hauptsächlich diejenigen Partikel zusammen, die sich anders bewegen. Die Orbits der Sterne, des Gases oder der Staubteilchen werden durch nahe Begegnungen und Zusammenstöße immer wieder abgelenkt. Die Bewegungsrichtung der einzelnen Bestandteile eines Systems, wird mit der Zeit so beeinflusst, dass sich irgendwann alle – mehr oder weniger – in die gleiche Richtung bewegen: Die Rotationsebene entsteht. Bei drei Raumdimensionen kann es auch nur eine Drehrichtung geben: Die Rotationsebene hat zwei Dimensionen und die Drehachse, senkrecht dazu, ist die dritte. Hätte unser Universum aber vier Raumdimensionen und nicht drei, so gäbe es 2 mögliche stabile Drehrichtungen, es gäbe gleichzeitig zwei Rotationsebenen und nicht nur eine. Vierdimensionale Galaxien wären also keine Scheiben, sondern möglicherweise eine Art Donut. Zur besseren Vorstellung von vierdimensionalen Rotationen kann ich das Video des sich drehenden Tesserakts (ein vierdimensionaler Würfel) auf Wikipedia wärmstens empfehlen. Aber seid gewarnt – die Welt wird danach nicht mehr die gleiche sein.

Und was sollen diese Spiralarme?

O.k., Galaxien bilden sich also als Scheiben durch die Drehimpulserhaltung und die Angleichung der Orbits an die bevorzugte Bewegungsrichtung des Systems. Aber woher kommen dann die Spiralarme? Galaxien drehen sich nicht wie Räder, sie sind keine starren Gebilde, sondern bestehen aus Milliarden an Einzelteilen, die sich auch separat bewegen. In Richtung Zentrum der Galaxie gibt es mehr Masse und dadurch auch mehr Gravitation, die Gas und Sterne beschleunigt. Deshalb dreht sich eine Galaxie im Zentrum schneller als am Rand. Das ist die sogenannte differenzielle Rotation. Wenn man sich die Bahnen der Sterne und Gaswolken in dieser Scheibe nun vorstellt, heißt das, dass sich die weiter innen liegenden an den weiter äußeren vorbeischieben müssen. Dadurch kommt es zu Verdichtungen von Sternen und Gaswolken. Und diese zusammengeschobenen, dichteren Gebiete bewirken neue Verdichtungen. Wie bei einem Verkehrsstau schieben sich die Anhäufungen langsam nach außen und drücken immer mehr Material zusammen, bis in den verdichteten Gaswolken neue Sterne entstehen – ein Spiralarm bildet sich. Spiralarme sind einfach dichtere Gebiete, in denen sich neue Sterne bilden, darum sind sie heller. Diese Verdichtungen breiten sich in der Galaxie wie eine Art Welle aus, genauer gesagt in einer Dichtewelle – im Grunde ähnlich einer Schallwelle, die auch aus Dichteschwankungen besteht. Die Dichtewellen, die die Spiralarme ausmachen, sind aber *stehende*

Wellen. Das heißt, sie sind Wellen, die mehr oder weniger am gleichen Ort bleiben und sich nicht mit den Sternen mitdrehen. Die Spiralarme einer Galaxie sind nicht starre, sich drehende Gebilde, sondern dichtere Gebiete, in die sich Sterne, Gas und Staub hinein- und dann wieder hinausbewegen.

Die Spiralarme drehen sich also nicht wie die Sonne und die anderen Sterne um das Zentrum der Galaxie, sondern bleiben quasi an Ort und Stelle stehen, während sich das Material der Galaxie durch die Verdichtungen der Spiralarme durchbewegt*. Neue Sterne bilden sich, wenn sich die Gaswolken der Galaxis in einen Spiralarm hineinbewegen und zusammengedrückt werden. Die Sonne ist sehr wahrscheinlich auch mitten in einem Spiralarm entstanden, befindet sich aber gerade eher am Rand eines solchen, und zwar mit Sicherheit eines anderen Spiralarms als bei ihrer Geburt. Denn seit ihrer Entstehung hat sich die Sonne schon ungefähr zwanzigmal mit dem galaktischen Karussell im Kreis gedreht, hinein und wieder hinaus aus den Spiralarmen, immer wieder hinein in neue Nachbarschaften.

Welcher Galaxientyp sind Sie?

Aber nicht alle Galaxien sind flache Scheiben mit Spiralstruktur. Es gibt verschiedene Arten von Galaxien. Im Grunde sind es zwei große Klassen, zwei grundverschiedene Typen von Galaxien in unserem Universum. Die einen, die Spiralgalaxien, kennen wir nun schon recht gut, die anderen, die elliptischen Galaxien sind so ziemlich genau das Gegenteil. Elliptische Galaxien haben keine Sternenscheibe, sondern sind einfach riesige kugel-

* Eine anschauliche Animation der Bewegung von Spiralarmen gibt es zum Beispiel hier zu sehen: https://vimeo.com/139066096.

förmige bzw. leicht abgeflachte, eiförmige Ansammlungen von Sternen, sehr vielen Sternen. Die meisten elliptischen Galaxien sind gigantisch, haben zehnmal mehr Sterne als die Milchstraße und ein Vielfaches ihres Durchmessers. IC 1101 zum Beispiel, eine der größten bekannten Galaxien, hat einen Radius von etwa zwei Millionen Lichtjahren, was in etwa dem Abstand zwischen Milchstraße und Andromeda entspricht. Aber diese Riesengalaxien sehen nicht nur anders aus, sie sind auch komplett anders aufgebaut. Das Erscheinungsbild einer Galaxie verrät sehr viel darüber, was in ihr vorgeht. Elliptische Galaxien werden nicht durch Rotation im Gleichgewicht gehalten, sondern durch die chaotischen Bewegungen ihrer Sterne. Ähnlich wie die Moleküle in einem Gas sausen die Sterne in diesen Galaxien wild durch die Gegend. Die Galaxie rotiert also nicht (oder kaum), sondern erhält ihre Form durch die unterschiedlichen Orbits der Sterne. Das Gas in diesen Galaxien ist nicht kalt und dicht, wie in der Milchstraße, so dass sich neue Sterne daraus bilden können, sondern extrem heiß und dünn. Neue Sterne entstehen bei solchen Bedingungen keine. Das heißt, die Sternpopulation, also die Bevölkerung dieser Galaxien, ist alt, ihre Farbe ist eher orange-gelblich, nicht bläulich-weiss, wie die Scheiben der Spiralgalaxien mit ihren frischen, jungen Sternen. Wie kann es sein dass Galaxien in zwei so unterschiedlichen Arten vorkommen?

Der erste Schritt zur Lösung eines Rätsels ist oft die Einteilung des Beobachteten in ein Schema, in ein System zur Klassifizierung der verschiedenen Fundstücke. Die Astronomie liebt Klassifikationen. Die Wissenschaft im Allgemeinen ist eine Übung im Einteilen in Gruppen, Arten und Klassen – schon die Herkunft des Wortes *science* vom Lateinischen *scientia,* kommt vom trennen, vom unter-*scheiden*. Der erste, der es schaffte die verschiedenen Arten von Galaxien systematisch in ein Schema zu pressen, war Edwin Hubble, der ein paar Jahre zuvor das Rätsel der *Great Debate* um die Natur der Galaxien gelöst hatte. Im Jahr 1926 entwickelte er sein *Tuning-Fork* Diagramm (englisch für »Stimmgabel«), das auch heute noch zur Klassifizierung von Galaxien verwendet wird. Das Diagramm sieht tatsächlich wie eine Stimmgabel aus: entlang ihres Griffs sind die elliptischen Galaxien nach ihrer Elliptizität geordnet aufgereiht, von den runden hin zu den flacheren Galaxien. Die zwei Zinken der Stimmgabel bilden die Doppelsequenz der Spiralgalaxien: einmal die »normalen« Spiralen und einmal die Spiralen mit Balken. Die elliptischen Galaxien bekommen den Buchstaben *E* (für elliptisch) und eine Nummer von 0 bis 7 entsprechend ihrer Elliptizität, also ihrer Abflachung. Die Spiralgalaxien bekommen ein *S*, gefolgt von den Buchstaben a, b oder c, je nach Ausprägung ihrer Spiralarme und Dicke ihres *Bulges* (ihres runden Zentralbereichs). Eine *Sa*-Galaxie hat weniger ausgeprägte, enger gewundene Spiralarme und einen größeren Bulge, während eine *Sc*-Galaxie ein wunderschönes, offenes und verzweigtes System an Spiralarmen und nur einen kleinen Bulge im Zentrum hat. Die Spiralgalaxien mit Balken haben noch ein zusätzliches »B« in ihrem Namen, also zum Beispiel *SBa*. Das Bindeglied zwischen elliptischen und Spiralgalaxien bilden die sogenannten *S0*-Galaxien, auch lentikuläre (also linsenförmige) Galaxien genannt: es sind scheibenförmige Galaxien mit sehr großem Bulge und ohne sichtbare Spiralarme. Die elliptischen Galaxien sind quasi nur Bulge, während die Spiralgalaxien je nach Typ immer kleinere Zentralbereiche und gleichzeitig dominantere Scheiben haben.

Aber was bedeutet das jetzt alles? Könnte es sich bei Hubbles Schema um eine Entwicklungssequenz handeln? Er nannte die weiter links in seinem Diagramm angesiedelten Galaxien, also

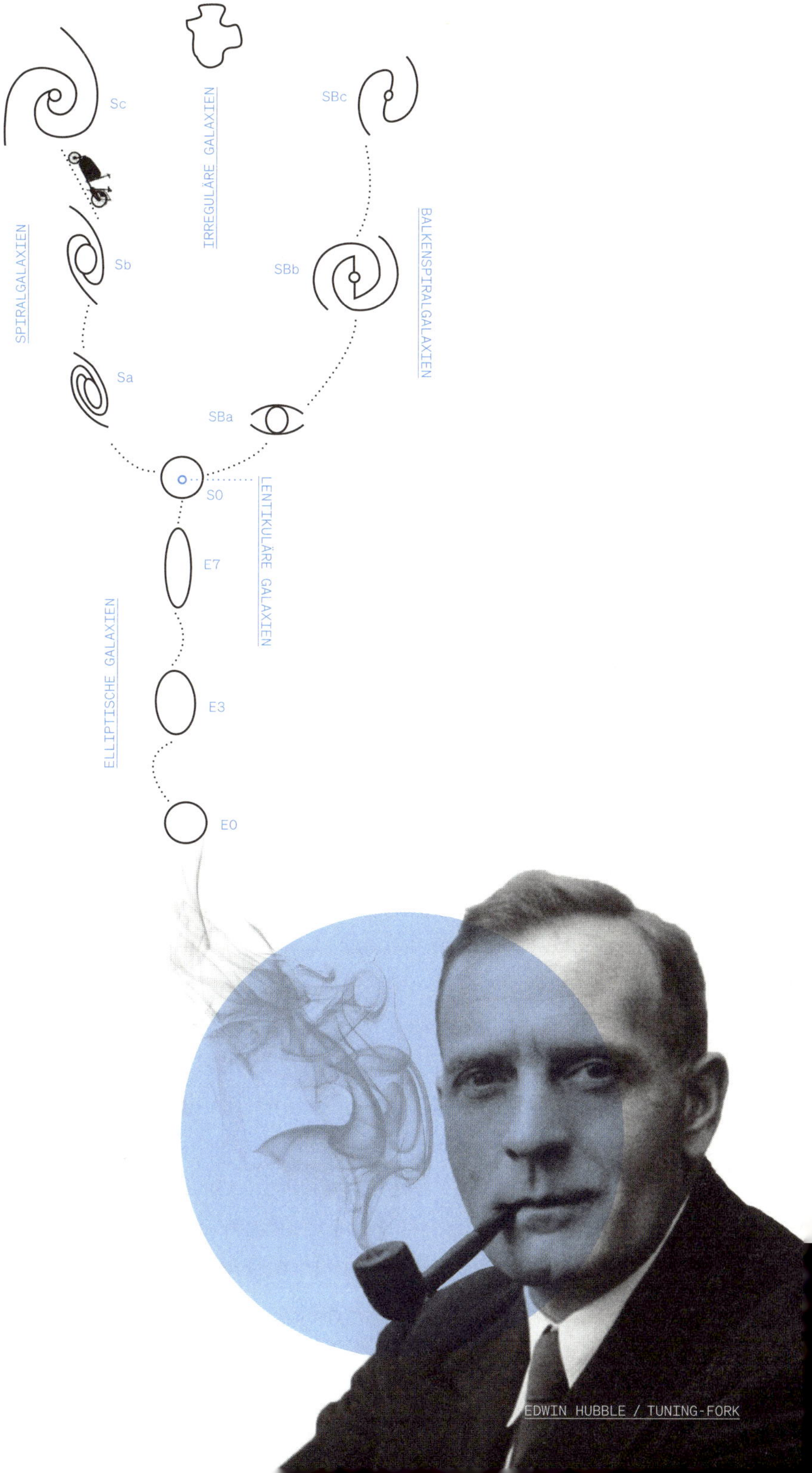

EDWIN HUBBLE / TUNING-FORK

E und S0, *early-type* und die Spiralen *late-type*. Glaubte er also, dass sich Galaxien von links nach rechts, also von runden elliptischen Galaxien hin zu abgeflachteren und schließlich zu Spiralgalaxien entwickeln? Anscheinend nicht, denn Hubble selbst stellte in einem Artikel fest, dass sich die Bezeichnungen *early* und *late* nur auf die Position im Diagramm bezogen und keine zeitliche Abfolge suggerieren sollen. Die Bezeichnungen haben sich bis heute gehalten, obwohl sie etwas irreführend sind. Mittlerweile wissen wir, dass die Hubble Sequenz in gewisser Weise sehr wohl die Entwicklung von Galaxien abbildet, allerdings ist die Entwicklungssequenz nicht ganz so simpel und linear – und sie läuft vermutlich genau in die andere Richtung ab, also von *late* zu *early*, von wenig Bulge zu mehr Bulge, doch dazu kommen wir später noch.

Das Monster im Zentrum der Milchstraße

Bei all ihrer Unterschiedlichkeit gibt es aber etwas, das die beiden großen Galaxientypen doch gemeinsam haben, und das hat auch mit dem zentralen Bulge zu tun: Alle haben sie ein gigantisches Schwarzes Loch in ihrem Zentrum. Und je größer der zentrale Bulge, desto mehr Masse hat auch das Schwarze Loch in der Mitte. Trotz all den Sensationsmeldungen über *das Monster im Zentrum der Milchstraße* ist ein zentrales, supermassereiches Schwarzes Loch für eine große Galaxie das Normalste der Welt. Das Schwarze Loch im Zentrum der Milchstraße ist nicht einmal besonders aktiv, sondern ein eher unscheinbares, etwas schüchternes Monster. Für unsere Skalen und für unsere Wahrnehmung sind Schwarze Löcher natürlich alles andere als normal. Im Fall der Milchstraße hat das Schwarze Loch gut 4 Millionen mal die Masse der Sonne, konzentriert in einem Stück Raum kleiner als unser Planetensystem, und unsichtbar. Woher wissen wir dann eigentlich, dass es da ist? Weil wir mit den großen Teleskopen von der Erde aus durch die Staub- und Gaswolken hindurch schauen und so tatsächlich den einzelnen Sternen im Zentrum der Galaxie dabei zusehen können, wie sie um das unsichtbare Schwarze Loch herumfliegen – und dabei Geschwindigkeiten von 30 Millionen Kilometern pro Stunde erreichen, ein paar Prozent der Lichtgeschwindigkeit. Wir können das Unsichtbare sichtbar machen und tatsächlich sehen, wie sich die Sterne auf ihrer leicht gekrümmten Bahn bewegen und plötzlich eine scharfe Kurve einlegen, beschleunigt durch die enorme Gravitationskraft eines extrem kompakten und unsichtbaren Objekts in ihrer Mitte. Obwohl sie so schnell unterwegs sind brauchen diese Sterne immer noch viele Jahre für einen Umlauf, für die Beobachtungen braucht man also etwas Geduld. Aber seit den letzten Beobachtungen von 2018 steht außer Zweifel, dass es sich bei dem unsichtbaren Objekt um ein supermassereiches Schwarzes Loch handeln muss. Dafür gab es dann 2020 auch den halben Physik-Nobelpreis für Andrea Ghez und Reinhard Genzel, die Leiter:innen der beiden Arbeitsgruppen, die unabhängig voneinander das Ergebnis bestätigen konnten. Andromeda hat ein größeres, aber ähnlich inaktives Schwarzes Loch in ihrem Zentrum, und höchstwahrscheinlich haben alle Galaxien, die einen Bulge, also eine zentrale Sternkonzentration besitzen, auch ein supermassereiches Schwarzes Loch darin.

Zwerge in der Mehrheit

Ist die Milchstraße also eine Durchschnittsgalaxie? Ja, denn sowohl die Größe als auch die Masse und Struktur unserer Milchstraße sind absolut durchschnittlich und völlig normal für eine große Galaxie. Das supermassereiche Biest im Zentrum der Galaxis ist ebenso keine Ausnahmeerscheinung. Aber warum die Betonung auf *große Galaxie*? Weil die meisten Galaxien im Universum einer ganz anderen Galaxienklasse angehören, von der Edwin Hubble in den 1920er Jahren noch nichts wusste. Die meisten Galaxien im Universum sind Zwerggalaxien. Kleine, diffuse und meist unscheinbare Ansammlungen von einigen Millionen Sternen – und nicht Milliarden, wie in der Milchstraße. Es war Harlow Shapley, einer der Kontrahenten in der *Great Debate*, der im Jahr 1937 die erste Zwerggalaxie entdeckte. Diese Zwerggalaxien kommen meistens rund um große Galaxien vor, sind also Satelliten der »normalen« Galaxien. Shapley fand einen Satelliten der Milchstraße, die Skulptor Zwerggalaxie. Kurz darauf fand er eine zweite ähnliche Mini-Galaxie, die Fornax Zwerggalaxie, aber dann dauerte es einige Jahrzehnte, bis weitere dieser seltsamen Zwerge gefunden wurden. Die beiden Zwerge Skulptor und Fornax – benannt wie die Andromeda nach dem Sternbild, in dem sie sich befinden, waren zwar die ersten, die als Zwerggalaxien entdeckt wurden, aber zwei andere Satellitengalaxien der Milchstraße kennt die Menschheit schon seit ewigen Zeiten: die Magellanschen Wolken. Diese beiden Zwerggalaxien sind von der Südhalbkugel aus ganz deutlich mit bloßem Auge zu sehen, nur wusste die längste Zeit natürlich niemand, dass es sich dabei um Zwerggalaxien handelt.

Warum hat ihre Entdeckung so lange gedauert? Ganz klar, wenn wir ins Universum hinausschauen, sehen wir natürlich zuerst die großen Galaxien. Sie sind dichter, konzentrierter, und einfach viel heller, während sich die lose angehäuften Sterne in Zwerggalaxien kaum vom Hintergrund abheben und extrem schwer zu beobachten sind. Aber nach und nach haben wir mehr und mehr von ihnen entdeckt, daraufhin auch vermehrt nach ihnen gesucht und schließlich bemerkt, dass die Kleinen in Wirklichkeit überall sind. In der Umgebung der Milchstraße, in der sogenannten *Lokalen Gruppe,* gibt es drei Spiralgalaxien (zwei große und eine kleine) und ca. 80 Zwerge. Die meisten davon sind Satelliten der Milchstraße oder der Andromeda. Wir sind also eigentlich überhaupt nicht in einer normalen Galaxie. Wir sind die Top-1-Prozent in der Galaxienwelt, die *fat cats,* die Bonzen, die sich die kleineren nach und nach einverleiben, um selbst größer und größer zu werden. Aber Vorsicht, die kleinen Zwerggalaxien sind auch nicht auf der Nudelsuppe dahergeschwommen: Neben ihrer schieren Anzahl sind uns die Zwerge auch noch in einer anderen wichtigen Sache überlegen: sie bestehen aus einem wesentlich höheren Anteil an Dunkler Materie, dem höchst mysteriösen und komplett unsichtbaren Hauptbestandteil des Universums. Es wird Zeit, dass wir auf die Dunkle Seite wechseln und uns ein wenig dem unsichtbaren Universum widmen.

Im unsichtbaren Universum

Auf dem Mauna Kea

Es ist Lunchtime am Centre for Astronomy and Particle Theory der University of Nottingham. Wir sitzen auf der grünen Wiese vor dem Institutsgebäude und genießen unsere Mittagspause in der wässrigen englischen Spätsommersonne. Mein deutscher Kollege erzählt gerade davon, wie sehr ihn sein Code frustriert, weil sich irgendwo ein kleiner und deshalb unauffindbarer Fehler eingeschlichen hat, und dann sagt er – »Dafür hab ich mich gerade wieder für Hawaii angemeldet, mal schauen, ob sie mich auch ein zweites Mal beobachten fahren lassen«. Das lässt mich aufhorchen und fast ein bisschen beleidigt platzt es aus mir heraus: »Boah, echt? Lass mich doch fahren, ich war noch nie in Hawaii!« Er schaut mich überrascht an. »Warum meldest du dich dann nicht an? Alle Leute von UKIDSS Instituten können doch beobachten fahren.« »Ach so«, sage ich kleinlaut, und wechsle schnell das Thema. Sobald ich wieder in meinem Büro bin, schaue ich mir sofort die Details an.

UKIDSS, das ist der UKIRT Deep Infrared Sky Survey, eine großflächige Beobachtungskampagne, die einen beträchtlichen Teil des Himmels mit hoher Auflösung und extrem langer Belichtungszeit abbilden soll. Untersucht werden damit gerade entstehende Sterne, Beinahe-Sterne (sogenannte Braune Zwerge) und ferne Galaxien im frühen Universum. Die Beobachtungen werden mit UKIRT, dem UK Infrared Telescope durchgeführt, ein knapp 4 Meter großes Teleskop, das Bilder macht, die für unsere

Augen unsichtbar sind. Und das nicht nur, weil wir keine 4-Meter großen Augen haben, sondern, weil es Strahlung im infraroten Bereich des elektromagnetischen Spektrums beobachtet, also Licht, das unsere Augen nicht detektieren können. Wie eine Art gigantische Wärmebildkamera beobachtet es unsichtbares Licht. Der Survey selbst ist auch ziemlich ambitioniert: UKIDSS deckt knapp ein Fünftel des gesamten Himmels ab und das mit einer nie dagewesenen Sensitivität. Der gesamte Survey besteht aus 5 Einzel-Surveys mit unterschiedlichen Zielen, aber schon in den Aufnahmen mit der geringsten Empfindlichkeit können etwa 40 mal lichtschwächere Objekte detektiert werden, als das zuvor möglich war. Der kleinste und sensitivste Teil des Surveys, der UDS, fängt Photonen von bis zu 4000 Mal lichtschwächeren und dementsprechend weiter entfernten Galaxien ein. Galaxien aus einer Zeit, als das Universum erst einige 100 Millionen Jahre alt war.

UKIRT ist aber noch aus einem anderen Grund ein besonderes Teleskop: Es hat keine fix angestellten *Staff-Astronomers*. Stattdessen werden die Astronom:innen der an UKIRT beteiligten britischen Institute nach Hawaii geschickt. Es zahlt sich ökonomisch einfach nicht aus, die mindestens drei Astronom:innen, die gebraucht würden, um das Teleskop über das ganze Jahr hinweg zu bedienen, vor Ort permanent anzustellen. Stattdessen werden jedes Jahr etwa 50 bis 60 Beobachter:innen um die halbe Welt geflogen, um etwa eine Woche am Teleskop zu verbringen. Deren Gehälter zahlen ja sowieso die am UKIRT beteiligten Universitäten, und so fallen kaum zusätzliche Kosten an – die ökologischen Kosten sind dabei allerdings nicht mitgerechnet. Die Teleskop-Operatoren, die das Teleskop und seine Eigenheiten besser kennen als alle Berufsastronom:innen, wechseln sich in langen Schichten dabei ab, die extra angereisten Beobachter:innen zu unterstützen.

Ich melde mich also für einen der eher weniger populären Beobachtungszeiträume im Winter an und rechne damit, dass wahrscheinlich schon alles ausgebucht ist – denn wer würde nicht ein paar Wochen auf Hawaii verbringen wollen, egal, in welcher Jahreszeit? Kurz darauf bekomme ich die Antwort, dass ich die einzige Freiwillige für den von mir gewählten Time-slot bin. Ich hole kurz tief Luft – und buche einen Flug nach Hilo, der größten Stadt auf Big Island und Standort des Hauptquartiers der großen Teleskope auf dem Mauna Kea. Ich beschließe auf dem Weg einen Tag in San Francisco zu verbringen, um den Jet-Lag zu minimieren – was rückblickend gesehen eine schwachsinnige Idee war, da ich ja die kommende Woche tagsüber schlafen und nachts arbeiten würde. Wahrscheinlich war es eine unterbewusste Ausrede, um einen Tag in der wunderschönen Stadt am Pazifik zu verbringen. Am Tag darauf geht es dann gleich in der Früh weiter nach Honolulu, noch mal ein 6-Stunden-Flug. Von dort ist es ein kurzer Sprung auf die Nachbarinsel nach Hilo. Dort treffe ich einen anderen Kollegen und guten Freund aus Nottingham, der fast gleichzeitig mit mir einen Beobachtungsrun am Gemini-Observatory, dem Nachbarteleskop des UKIRT hat. Wir werden gemeinsam auf den Berg fahren. Am Tag davor hatte er ein Interview für einen Job als Astronom am *Gemini.* Er erzählt mir, dass er drei Stunden lang von einem siebenköpfigen Komitee mit Fragen zu den verschiedensten Themen gelöchert wurde. Ein erstaunlicher Aufwand für einen relativ schlecht bezahlten und auf drei Jahre befristeten Job auf einer 12 000 km von Freunden und Familie entfernten Insel, in deren größter Stadt man nach 21 Uhr kein Essen mehr bekommt, aber das ist eine andere Geschichte. Ein paar Monate später würde er den Job angeboten bekommen und auch annehmen.

In Hilo bekommen wir auch unser *Safety Briefing*, in dem wir eindrücklich auf die Gefahren des Vulkans aufmerksam gemacht werden – allerdings nicht etwa, weil es wahrscheinlich ist, dass er ausbricht. Mauna Kea gilt zwar als schlafender Vulkan, könnte also jederzeit wieder aktiv werden, aber im Moment deutet nichts darauf hin. Geologische Zeitskalen sind zwar nur ein Augenzwinkern im Vergleich zu den meisten astronomischen, aber trotzdem passieren Dinge nicht gleich übermorgen. Der letzte Ausbruch des Mauna Kea war vor etwa 4500 Jahren. In der Zwischenzeit hat sich die Hauptzone der Aktivität an die Südspitze der Insel verschoben, zum flachen, halb im Meer liegenden Vulkan Kilauea, in dessen Krater man regelmäßig einen flüssigen Lavasee und spektakuläre Ausbrüche beobachten kann. Die Sicherheitswarnungen betreffen die Höhe des Berges – und all die Dinge, die mit einem menschlichen Körper auf 4200 m über dem Meeresspiegel passieren können. Natürlich denken wir uns, ja gut, aber mir passiert das nicht, ich bin fit und gesund, aber anscheinend tritt die Höhenkrankheit genauso bei Personen auf, die topfit sind, niemand ist davor gefeit. Die Symptome können ganz plötzlich da sein und sich rapide verschlimmern – wir werden dazu ermahnt, uns selbst zu beobachten und schon bei den minimalsten Anzeichen von Kopfschmerzen, Schwindel oder Übelkeit Hilfe zu suchen.

Mit einem leichten Bammel machen wir uns auf den Weg. Die Fahrt ist einsam und wunderschön – die Landschaft wirkt wie ein einziger, riesiger Botanischer Garten. Das Grün verschwindet allerdings auch recht schnell, als wir langsam die Flanke des Vulkans hinauffahren. Ab und zu werden wir von Autos überholt, deren Reifen auf Augenhöhe an mir vorbeiziehen, aber die meiste Zeit genießen wir die bizarre Landschaft und den Blick auf den benachbarten Mauna Loa, der nur etwa 30 Meter niedriger ist als der Mauna Kea. Am frühen Abend erreichen wir

Hale Pohaku, die Quartiere der Beobachter:innen, die an den gut zehn Teleskopen auf dem Mauna Kea arbeiten, auf etwa 3000 m Höhe. Wie alle Neuankömmlinge müssen wir dort unsere erste Nacht verbringen, um unseren Lungen eine Chance zu geben, sich ein bisschen an den Sauerstoffmangel zu gewöhnen. Durch den niedrigeren Luftdruck hat das gleiche Volumen Luft hier um ein Drittel weniger Sauerstoff als auf Meeresniveau – aber immer noch mehr als auf knapp 4200 Metern, wo die Teleskope stehen. Darum dürfen sich die Beobachter:innen auch nicht länger als 14 Stunden auf über 3000 Metern Seehöhe aufhalten. Das heißt aber auch, dass wir – so, wie alle anderen – jeden Morgen die 1200 Höhenmeter über den holprigen Weg vom Gipfel wieder zurückfahren müssen, um hier zu schlafen.

Nach unserer Ankunft in Hale Pohaku müssen wir versuchen, so lange wie möglich wach zu bleiben, um uns an den Rhythmus des Beobachtens zu gewöhnen. Das ist gar nicht so leicht, ohne etwas zu tun zu haben und nach all den Ereignissen und all der Zeit in unbequemen Flugzeugsitzen während der vergangenen zwei Tage. Wir holen uns also erst mal einen Halbliterbecher amerikanischen Kaffee aus der Cafeteria. Dort sitzt schon ein leicht gelangweilt aussehender Mann, der offenbar das gleiche Ziel verfolgt wie wir und uns in freudiger Erwartung einer möglichen Konversation verstohlene Blicke zuwirft. Nach ein paar Minuten fragt er uns: »Are you astronomers?« Mein Kollege und ich sehen uns an. Das ist unter den gegebenen Umständen eine reichlich suspekte Frage. Während des folgenden Gesprächs finden wir heraus, dass unser Gesprächspartner kein Astronom, sondern wissenschaftlicher Berater des *US Department for Homeland and National Security* ist. Sein Auftrag ist es, den Laser der adaptiven Optik zu überwachen, der vom Gemini Observatory in den Himmel geschossen wird, um die Luftunruhen über dem

Teleskop auszugleichen, ganz ähnlich wie beim *Very Large Telescope* in Chile. Wir erfahren, dass die US-Regierung besorgt ist, dass der hochenergetische Laser möglicherweise die Elektronik von Spionagesatelliten beeinträchtigen könnte, deren Position den Astronom:innen natürlich nicht bekannt ist. Deswegen müssen die Koordinaten aller Beobachtungen, bei denen der Laser verwendet werden soll, zuerst von Beamten der Regierung überprüft und abgesegnet werden. Zusätzlich sind auch Beamte – wie unser Gesprächspartner – regelmäßig vor Ort, um die Operation des Lasers zu beobachten. Nach dieser leicht bizarren, aber auch sehr unterhaltsamen Begegnung sind wir zumindest wieder hellwach. Außerdem weiß ich jetzt auch, was der Situation Room ist und dass die Chief Generals Wissenschaftler:innen nicht so gern mögen.

Am folgenden Nachmittag beginnt dann die erste Beobachtungsnacht, endlich geht es hinauf auf den Gipfel des Vulkans. Etwa eine halbe Stunde dauert die Fahrt über die unasphaltierte Straße hinauf zu den großen Teleskopen, links und rechts von uns immer wieder die typischen *cinder cones*, kleinere kegelförmige Hügel, die charakteristisch für die Flanken eines Schildvulkans sind. Plötzlich taucht vor uns ein großer Reisebus auf. »Was machen denn die hier?«, frage ich ganz perplex. Der *Telescope Operator* erzählt, dass die Reisebüros der Insel Touren zum Sonnenuntergang bei den Teleskopen anbieten, direkt vom Strand hinauf auf 4200 Höhenmeter. An guten Tagen finden sich ein paar hundert Touristen auf dem schmalen Gipfelplateau ein, der Parkplatz liegt direkt neben dem UKIRT. Er sagt, dass oft Leute auf ihn zukommen und fragen, ob sie mal kurz durchschauen können, was er verneinen muss. Nicht, weil der Blick durch die Teleskope den professionellen Astronom:innen vorbehalten ist, sondern, weil keines der Teleskope auf dem Mauna

Kea ein Okular zum Durchschauen hat. In der Tat schauen Astronomen normalerweise nicht durch Teleskope. Das Licht wird statt in ein Okular direkt zu den Instrumenten und Detektoren umgeleitet. Das aufgenommene Bild, wenn es denn eines zu sehen gibt, können wir dann am Computerbildschirm begutachten.

Als wir ankommen, sehen wir auch schon eine große Gruppe auf dem kleinen Parkplatz, die sich gerade auf den Weg zum Gipfel macht, der über den kurzen *Summit Trail* leicht zu erreichen ist. Wir sehen eine Frau mit einem Baby am Arm, Familien mit Kleinkindern. Die empfohlene Altersgrenze hier ist 16 Jahre. Der niedrige Sauerstoffgehalt der Luft kann bei Kindern ernsthafte Probleme, wie etwa Wachstumsstörungen und Hirnschäden, hervorrufen. Wir versuchen nicht hinzuschauen und verschwinden so rasch wie möglich im Gebäude des Teleskops. Schnell ist die Außenwelt vergessen und die Bedienung des Stahlkolosses steht im Vordergrund. Jetzt bin ich die Astronomin hier. Wir machen eine kurze Runde um das riesige Infrarotteleskop, das eigentlich genauso wie ein optisches Teleskop, also eines, das sichtbares Licht beobachtet, aussieht. Eine gigantische Stahlkonstruktion hält die beiden Spiegel (Hauptspiegel und Sekundärspiegel) in ihrer Position. Die großen Teleskope sind ja keine Rohre mehr, wie man es von kleineren Fernrohren gewöhnt ist, sondern offene Gerüste, die die Unterkonstruktion des Hauptspiegels über massive Stahlstreben, die nach oben hin zusammenlaufen, mit dem Sekundärspiegel verbinden. Wenn das Teleskop geneigt ist, kann man direkt in den riesigen Spiegel schauen. Die Konstruktion des UKIRT wirkt durch seine Größe zwar sehr massiv, der Spiegel wiegt aber nur etwa ein Drittel eines vergleichbaren optischen Geräts, und das hat tatsächlich mit der Wellenlänge des beobachteten Lichts zu tun. Infrarotstrahlung wird ja auch Wärmestrahlung genannt, was leicht verwirrend ist, da ja jede Art von Strahlung einer bestimmten Temperatur entspricht. Sichtbares Licht wird dabei von noch wärmeren Dingen ausgestrahlt als Wärmestrahlung, es entspricht in etwa der Temperatur von Sternen. Heißere Sterne leuchten bläulich, die weniger heißen eher orange-rot. Die Sonne ist weiss-gelb, also ziemlich genau in der Mitte. Infrarotstrahlung ist, wie der Name schon sagt, röter als rot, also *kühler* als rot. Die entsprechende Temperatur ist nicht mehr sternenheiss, also mehrere tausend Grad, sondern entspricht etwa den Temperaturen auf der Erde. Die meisten Dinge auf der Erdoberfläche geben Infrarotstrahlung ab: Pflanzen, Tiere, Menschen – alles, was eine angenehm warme Temperatur hat. Das bedeutet konkret, dass Infrarot-Beobachtungen, vor allem, wenn es dabei um extrem weit entfernte und darum nur mehr sehr schwach leuchtende Galaxien geht, sehr empfindlich auf die Umgebungstemperatur reagieren und jegliche Wärmequelle in der Nähe des Teleskops vermieden werden muss. So auch zum Beispiel kräftige Motoren, die schwere Spiegel bewegen. Die Leichtigkeit der Konstruktion führt zu weniger Umgebungswärme und so zu besseren Bildern. Der dünne Spiegel wird auf der Rückseite von 80 pneumatisch betriebenen Aluminiumstiften gestützt und in eine perfekte Form gebracht, wie wir es ja schon vom NTT in La Silla kennen.

Wir halten uns nicht lang beim Teleskop auf und gehen gleich weiter in den Kontrollraum. Der *TO*, der *Telescope Operator*, erklärt mir die Details und den genauen Ablauf der Beobachtungsnacht: worauf wir achten müssen und was die verschiedenen Kurven in den vielen kleinen Fenstern auf den vielen großen Monitoren bedeuten. Es ist ziemlich viel neue Information auf einmal, und obwohl ich versuche, ihm zu folgen so gut ich kann, bin ich nicht ganz auf der Höhe – oder besser gesagt auf zu viel

Höhe. Ich bemerke, dass ich unabsichtlich ins Leere starre. Mir ist noch nie so stark aufgefallen, dass alleine nur hinsehen, ein Bild fokussieren, eine körperliche Anstrengung darstellt. Der Sauerstoffmangel wirkt sich sofort und ziemlich offensichtlich auf meine Augen und meine Konzentrationsfähigkeit aus. »Don't worry, you'll get the hang of it!«, sagt mein TO, anscheinend sieht er diesen Blick öfter in den Gesichtern der Neuankömmlinge. Die erste Nacht auf über 4000 Metern ist nicht leicht, und die folgenden Nächte werden nicht unbedingt viel angenehmer. Menschen sind beim Arbeiten in dieser Höhe extrem fehleranfällig, was bei den astronomisch hohen Betriebskosten eines großen Teleskops ziemlich problematisch ist. Als Richtwert der Betriebskosten gilt etwa 1 US Dollar pro Sekunde. Fehler kann man sich hier eigentlich nicht leisten. Darum funktioniert das Beobachten an den Großteleskopen im Allgemeinen und vor allem in diesen Höhen beinahe vollautomatisch. Alle Abläufe sind detailliert durchgeplant, die Beobachtungen sind fertig vorbereitet und werden in Blöcken abgefertigt. Die Software sucht sich automatisch passende Beobachtungsblöcke heraus und listet sie mir auf meinem Bildschirm auf, ich schaue nur kurz drüber, ob alles passt und klicke dann auf den großen roten Button – *execute.* Warum leistet man sich dann überhaupt den Luxus der menschlichen Schwachstellen an den Teleskopen, wenn sowieso fast nichts zu tun ist? Der Grund dafür ist, dass einfach nicht immer alles nach Plan läuft. Wenn es ein Problem gibt, muss auch so schnell wie möglich eine Lösung gefunden werden, und dafür hat sich einfach die Kreativität und Problemlösungsgabe des menschlichen Gehirns am besten bewährt, auch wenn es unter Sauerstoffmangel leidet. Und warum reicht dann der *Telescope Operator* nicht aus? Wenn eine Person dort ist, muss es auch eine zweite sein – aus Sicherheitsgründen, denn die Gefahr der Höhenkrankheit ist allgegenwärtig, egal, wie oft man schon auf dem Berg war.

Im vergangenen Jahrzehnt wurde aber genau dieses Argument immer mehr und mehr ausgehöhlt, wurden automatische Systeme immer besser und immer menschenähnlicher – nicht in ihrer Fehleranfälligkeit, sondern ihrer Kapazität zur Problemlösung. Das UKIRT kommt mittlerweile auch ohne Beobachter:innen am Teleskop aus und wird seit 2014 vollkommen ferngesteuert von Hilo aus bedient. Es wird mittlerweile auch nicht mehr von Großbritannien finanziert, das sich wegen Geldmangels aus dem Projekt zurückgezogen hat. Schon Ende 2009, also nur ein paar Wochen vor meinem Besuch dort, wurde das *managed withdrawal,* also der geordnete Rückzug zu Ende 2013 angekündigt. Eine Zeit lang war Südkorea als neuer Eigentümer des Teleskops im Gespräch, der *Telescope Operator* scherzte, dass dann zumindest der neue Name des UKIRT klar wäre: *SKIRT – South Korean Infrared Telescope* – woraus dann aber leider doch nichts wurde. Der US Dollar pro Sekunde für das UKIRT kommt mittlerweile auch aus den USA, die NASA finanzierte das Projekt für einige Jahre und nun gehört es der University of Hawaii.

UKIRT widmet sich davon unbeeindruckt immer noch den verschiedenen Infrarot Surveys, die es vor 15 Jahren begonnen hat. Der UDS, der *Ultra Deep Survey,* der von den Surveys des UKIRT am tiefsten ins frühe Universum hineinblickt, ist mittlerweile schon fertiggestellt – was wenig überraschend ist, da die tieferen Surveys immer auch eine viel kleinere Fläche abdecken. Die anderen Surveys sind großflächiger und laufen darum immer noch. Ein längerer Beoachtungsblock steht an, ich gehe kurz raus, um frische Luft zu schnappen und mir die Sterne anzuschauen. Es ist stockdunkel und still – aber auch von oben scheint mir nicht allzu viel Licht zu kommen. Klar, meine Augen müssen sich zuerst an die Dunkelheit gewöhnen, bis sie mir das volle Ausmaß des funkelnden Sternenhimmels offenbaren können. Aber irgendwie wird es auch nach einigen Minuten nicht viel besser. Der Himmel ist sternenklar und schön, aber es ist nicht die glorreiche glitzernde Pracht, die ich mir an einem der besten Beobachtungsorte der Welt erwartet hätte. Wie ich nachher erfahre, wurden meine hohen Erwartungen wegen des niedrigen Sauerstoffgehalts der Höhenluft nicht erfüllt. Die mangelhafte Sauerstoffversorgung der Augen bewirkt, dass ihre Sensitivität stark verringert ist. Der Himmel erscheint deshalb gar nicht so beeindruckend, wie er es in Wirklichkeit ist. Die Teleskope sind natürlich von dem menschlichen Sauerstoffproblem nicht betroffen und liefern spektakuläre Aufnahmen.

Blicke in die Kindheit der Galaxien

Und wie sieht das unsichtbare, ferne Infrarot-Universum durch die 4 Meter großen Spiegelaugen des UKIRT aus? Erstaunlicherweise nicht viel anders als durch optische Teleskope, zumindest nicht auf den ersten Blick. Das Bild des UDS, das übrigens wie die meisten anderen Deep Fields auch frei im Internet verfügbar ist, zeigt uns den Blick in die Schatztruhe eines Universums voller Galaxien. Auf einer Fläche von etwa viermal der Größe des Vollmonds sehen wir 250 000 einzelne Galaxien in bunten Farben und ihren typischen Galaxienformen, manche rundlich, andere länglich, ihre Scheiben wie zusammengewürfelt in verschiedene Richtungen orientiert. Das Infrarotbild zeigt uns einen Blick, den wir mittlerweile von anderen tiefen Aufnahmen von optischen Teleskopen gut kennen. Und warum brauchen wir dann bitte überhaupt Infrarotaufnahmen, wenn sie doch fast gleich aussehen? Wir beobachten im Infrarotbereich das Licht dieser extrem weit entfernten Galaxien, welches wir im lokalen Universum im sichtbaren Wellenlängenbereich sehen würden. Wir müssen das ferne Universum im Infrarotlicht beobachten, wenn wir das sichtbare Licht dieser Galaxien einfangen wollen. Durch die Expansion des Universums – zu der kommen wir später noch genauer – wird das Licht der Galaxien gestreckt, während es sich durch den expandierenden Raum bewegt. Es ist fast so, als wäre das Licht mit dem Stoff, aus dem der Raum gemacht ist, verwoben: Es dehnt sich mit ihm aus. Und gedehntes Licht bedeutet röteres Licht. Diese sogenannte Rotverschiebung ihres Lichts betrifft alle Galaxien im Universum, da sie sich alle von uns wegbewegen – bis auf die Andromedagalaxie, die die einzige große Galaxie ist, die auf uns zukommt – und deren Licht dementsprechend ein wenig *blau*-verschoben ist. Bei den Galaxien in unserer intergalaktischen Umgebung ist der Effekt der Rotverschiebung noch recht klein. Bei ferneren Galaxien aber wird die Verschiebung immer größer, und zwar ganz einfach direkt proportional zu ihrer Entfernung. Je weiter etwas weg ist, desto mehr Raum ist dazwischen, der sich ausdehnen kann und dementsprechend ist die Von-uns-weg-Bewegungsgeschwindigkeit größer.

Was noch dazu kommt, ist, dass wir beim Hinausschauen ins *ferne* Universum auch automatisch ins *frühe* Universum zurückschauen. Das Licht der fernen Galaxien braucht so lange bis zu uns, dass wir die Galaxien in der fernen Vergangenheit sehen. Wenn wir Galaxien beobachten, deren Licht etwa 7 Milliarden Jahre bis zu uns gebraucht hat, sehen wir sie auch so, wie sie vor 7 Milliarden Jahren ausgesehen haben. Wir blicken im fernen Universum also in die Kindheit des Universums, in die Kindheit der Galaxien zurück.

Und wenn wir 7 Milliarden Lichtjahre, also etwa das halbe Alter des Universums weit zurück in die Zeit schauen, ist das Licht dieser entfernten und jungen Galaxien schon so weit ins Rote verschoben, dass sogar ihr blaues Licht gerade aus dem Bereich verschwindet, den wir sehen können. Es hat sich also mit der Expansion des Raums der ganze sichtbare Regenbogen des Lichts durch den für uns sichtbaren Bereich durch- und auf der roten Seite weiter hinausgeschoben. Das sichtbare Licht, das die Sterne dieser sieben Milliarden Lichtjahre entfernten Galaxien ins Universum hinausstrahlen, kommt bei uns komplett als Infrarotlicht an. Was bei uns als sichtbares Licht ankommt, war ursprünglich das ultraviolette Licht dieser Galaxien, das sich in den sichtbaren Bereich hineinverschoben hat. Das ist vor allem dann wichtig, wenn wir die Entwicklung von Galaxien verstehen wollen: wenn ich zum Beispiel wissen will, wie sich die Form einer Galaxie im Laufe ihres Lebens verändert hat, muss ich sichergehen, dass ich die gleichen Bestandteile dieser Galaxie miteinander vergleiche. Junge und heiße Sterne zum Beispiel strahlen sehr hell im ultravioletten Licht, alte und weniger heiße Sterne eher rötlich und bis ins Infrarote. Wenn wir nahe und ferne Galaxien mit einem »normalen« optischen Teleskop beobachten, sehen wir je nach Entfernung unterschiedliche Dinge und vergleichen Äpfel mit Birnen, beziehungsweise junge mit alten Sternen oder Sterne mit Staub.

Wir können also wegen der Rotverschiebung des Lichts das weit entfernte und junge Universum am besten mit Infrarotteleskopen sehen. Die erste Jahrmilliarde des Universums ist für optische Teleskope wegen der hohen Rotverschiebung des Lichts sogar gänzlich unsichtbar. Das frühe Universum ist aber nicht das Einzige, was wir mit Infrarotteleskopen besser sehen können. Das Universum ist voller faszinierender Phänomene, die für unsere Augen unsichtbar sind. Das sichtbare Licht ist ja nur ein ganz kleiner Teil des gesamten elektromagnetischen Spektrums. Das wissen wir heute, aber woher wissen wir eigentlich, dass es unsichtbares Licht überhaupt gibt?

Die Entdeckung des unsichtbaren Lichts

Die Entdeckung des unsichtbaren Lichts war wie so viele große Entdeckungen eine mehr oder weniger zufällige. Es war der Astronom Wilhelm Herschel, der im Jahr 1800 gemeinsam mit seiner jüngeren Schwester Caroline mit einem Quecksilberthermometer und einem Prisma mit dem Regenbogen herumexperimentierte. Die vielseitig begabten Geschwister Herschel hatten mithilfe von selbst gebauten riesigen Teleskopen mit eigenhändig geschliffenen Spiegeln den ganzen Himmel systematisch beobachtet und so das Fundament für die moderne Astronomie gelegt. Zu dem Zeitpunkt wusste niemand, dass Wärme und Licht, zwei Dinge, die wir sehr unterschiedlich wahrnehmen, eigentlich zwei Ausprägungen des gleichen Phänomens sind: elektromagnetische Wellen, Strahlung unterschiedlicher Wellenlänge, unterschiedlicher Energie. Herschel wollte eigentlich die Temperatur der verschiedenen Farben messen. Er spaltete Licht mit einem Prisma in einen Regenbogen auf und hielt die geschwärzte Spitze eines Quecksilberthermometers in die jeweilige Farbe. Und tatsächlich: Die Temperatur nahm in Richtung Rot zu. Ja – Licht und Wärme haben etwas miteinander zu tun! Aber dann kam die eigentlich glorreiche Idee, ob geplant oder spontan, sei dahingestellt: Er hielt das Thermometer in den Bereich neben dem Rot, dort, wo der Regenbogen zu Ende war. Und siehe da, die Temperatur stieg weiter an. Das Licht war aus, doch es war immer noch Energie da. Es musste nach dem Rot noch irgendwie weitergehen, eine Art unsichtbare Strahlung, die sich wie Licht mit dem Prisma aufspalten ließ, musste die Wärme transportieren. Er nannte seine neu entdeckte unsichtbare Farbe deshalb auch nicht Infrarot sondern Wärmestrahlung. Ob er sich der vollen Bedeutung seiner Entdeckung bewusst war, ist zu bezweifeln, aber nichtsdestotrotz hat er uns mit diesem simplen Experiment ein ganzes unsichtbares Universum eröffnet. Heute wissen wir, dass Dinge mit unterschiedlicher Temperatur Licht von verschiedenen Wellenlängen abstrahlen. Das Licht, das wir sehen, ist nur ein winzig kleiner Teil dieses Energiespektrums, inmitten der gesamten universellen Farbpalette. Zu seinen Ehren sind zwei große Infrarotteleskope nach Herschel benannt: das William Herschel Telescope auf La Palma und das Herschel Weltraumteleskop, das zu Carolines Ehren nur den Nachnamen der Geschwister trägt.

Das Unsichtbare sehen

Und welche Art von Objekten im lokalen Universum leuchten im Infrarotlicht? Was sehen wir in den kosmischen Wärmebildkameras, von den rotverschobenen fernen Galaxien mal abgesehen? Generell ganz einfach Dinge, die etwas weniger heiß sind als gewöhnliche Sterne. Aber nicht nur das. Infrarotstrahlung hat auch noch eine andere sehr praktische Eigenschaft: Wir können damit durch Dinge durchschauen, die uns sonst die Sicht blockieren: interstellare Staubwolken. Der Weltraum ist zwar sehr leer, aber gleichzeitig auch ziemlich verstaubt. Die Erde sammelt auf ihrer Bahn um die Sonne jeden Tag etwa 80 Tonnen Staub ein, der dann aus dem Weltraum auf die Oberfläche der Erde rieselt. Und dieser interstellare Staub ist undurchsichtig, allerdings nicht in allen Wellenlängen. Es liegt an den Eigenschaft der Staubteilchen, dass Licht mit längerer Wellenlänge besser durch den interstellaren Staub durchkommt. Ein typisches Staubkorn ist ungefähr so groß wie die Wellenlänge von blauem bis ultraviolettem Licht (etwa 0,3 Mikrometer). Für die kleineren Lichtwellen stellen die Staubteilchen also riesige Hindernisse dar. Die größeren Lichtwellen des Infraroten Lichts hingegen können leichter an den für sie viel kleiner erscheinenden Brocken vorbei und werden weniger stark absorbiert. Ähnlich wie die großen Reifen eines Geländewagens leichter über Schlaglöcher fahren können, während die kleinen Räder eines Einkaufswagens überall stecken bleiben. Die Staubwolken sind also für längere Lichtwellen durchlässiger, und wir können sehen, was dahinter liegt. Am besten funktioniert das im fernen Infraroten und im noch langwelligeren Submillimeter-Bereich. Das sind Lichtwellen mit – wie der Name schon sagt – Wellenlängen von etwa einem Millimeter, an der Grenze zwischen Infrarot- und Radiostrahlung. Und die werden jetzt nicht mehr mit gewöhnlich aussehenden Teleskopen eingefangen, sondern mit Satellitenschüsseln. Die sind natürlich ebenfalls Teleskope, die Funktionsweise ist eigentlich auch die gleiche, allerdings unterscheidet sich ihre Bauweise schon deutlich von optischen und Infrarotteleskopen, die ja beide Spiegel zum Bündeln des Lichts verwenden. Bei Submillimeterteleskopen übernimmt (genauso wie bei Radioteleskopen) eine »Schüssel« die Funktion des Spiegels. Die Sache ist einfach die, dass die Wellenlänge des Lichts nun schon so groß ist, dass die Oberfläche des fokussierenden Elements nicht mehr so exakt sein muss – für die größeren Wellen reicht eine flache Oberfläche, die eben nicht mehr spiegelglatt sein muss. Was aber für Submillimeterteleskope noch entscheidender ist als für optische und Infrarotteleskope, ist ihre Position.

Submillimeterantennen befinden sich immer in der Wüste und hoch oben, wie zum Beispiel das APEX Teleskop in der chilenischen Atacamawüste auf über 5000 Meter über dem Meeresspiegel, an einem der trockensten Orte der Welt. Der Gipfel des Mauna Kea hat auch eines, das James Clerk Maxwell Telescope (JCMT). Die Trockenheit und Höhe sind so wichtig wegen des Wasserdampfs in der Atmosphäre, der blöderweise die langwellige Strahlung stark absorbiert. Daher werden viele Teleskope gleich im Weltraum positioniert, was zwar atmosphärisch die beste Lösung, aber generell natürlich ein sehr teures und riskantes Unterfangen ist.

Die NASA hat dafür gemeinsam mit dem Deutschen Zentrum für Luft- und Raumfahrt eine Zwischenlösung ausprobiert und kurzerhand ein Infrarotteleskop auf eine Boeing-747 verfrachtet: SOFIA, das *Stratospheric Observatory for Infrared Astronomy*. Abgesehen vom fragwürdigen CO_2-Fußabdruck einer Boeing 747, ist ein Flugzeug für Submillimeterteleskope aber nicht wirklich eine Option: Je größer die Wellenlänge, desto größer muss auch der Spiegel bzw. die Schüssel des Teleskops sein, um die Wellen aufzufangen und eine gute Auflösung zu bekommen. Das APEX ist 12 Meter groß, das JCMT hat sogar 15 Meter Durchmesser – und das passt beim besten Willen nicht mehr in ein Flugzeug. Warum aber der ganze Aufwand, warum brauchen wir diese fernen Infrarot- und Submillimeter-Beobachtungen?

Wir beobachten damit die Molekülwolken im interstellaren Raum zwischen den Sternen der Milchstraße (oder auch in anderen Galaxien). Diese für unsere Augen stockdunklen Wolken lassen langwelligere Strahlung leichter passieren, emittieren aber selber auch langwellige Strahlung entsprechend ihrer Temperatur und ihrer chemischen Zusammensetzung. Die dunklen Wolken leuchten im Licht der Submillimeterwellen. Was unsere »Satellitenschüsseln« einfangen, sind Photonen, kleine Energiepakete, die durch das Rumwackeln von Molekülen in diesen Wolken entstanden sind. Ja, Licht entsteht auch einfach durch Bewegungsänderungen – auf der Ebene der Elementarteilchen zumindest. Wir selbst emittieren leider kein Licht, wenn wir uns plötzlich schneller oder langsamer drehen. Aber wäre ich, sagen wir, ein Kohlenstoffmonoxid-Molekül (CO), und würde mich schnell drehen und dann spontan einen Gang runterschalten, würde ich ein Submillimeter-Photon abstrahlen. Moleküle haben eine Art Bremslicht. Warum ändern die Moleküle ihre Drehgeschwindigkeit? Weil sie vorher von Photonen mit höherer Energie angeschubst wurden, sich aber anscheinend lieber langsamer drehen, wenn man sie in Ruhe lässt. Und woher kommen diese Photonen mit höherer Energie? Es sind die ersten Photonen von frischen, jungen Sternen, die gerade im Inneren dieser Wolken entstehen.

Die Submillimeter-Strahlung der Molekülwolken verrät uns also, was gerade in ihrem Inneren vor sich geht, ganz konkret zum Beispiel, wie viele Sterne dort gerade entstehen oder wie schnell sich der Prozess der Sternentstehung abspielt. Wenn ich weiß, wie viel Material dieser Wolken in welcher Dichte und Ausdehnung vorhanden ist und wie viele Sterne daraus entstanden sind, kann ich den Ablauf und die Effizienz der Sternentstehung besser verstehen. Die Entstehung von Sternen ist ein Prozess, den wir im Grunde schon ganz gut begreifen, im Detail aber noch ziemlich schlecht. Die Beobachtungen mit den Submillimeter-Schüsseln sind der Schlüssel zum besseren Verständnis, wie genau Sterne entstehen und warum wir alle hier sind.

Genauso wie der Regenbogen bei Rot nicht einfach aufhört, sind auch Galaxien nicht dort zu Ende, wo wir keine Sterne mehr sehen. Bei der Milchstraße zum Beispiel hat die Sternenscheibe ein recht deutliches Ende bei etwa 50 000 Lichtjahren Radius, also bei der doppelten Entfernung der Sonne vom galaktischen Zentrum. Allerdings haben wir bis zu 100 000 Lichtjahre vom Zentrum entfernt noch Sterne gefunden, die zur Milchstraße dazugehören. Die galaktischen Sternenscheiben sind also meist größer, als es auf den ersten Blick erscheint. Galaxien bestehen aber nicht nur aus ihren Sternenscheiben.

Alle Galaxien haben noch eine zweite Hauptkomponente, nämlich ihren Halo. Diese quasi kugelförmige Galaxienhülle ist zum Teil auch mit Sternen bevölkert, und zwar in der Form von vielen einzelnen Kugelsternhaufen, die wie ein Schwarm um die Sternenscheibe herum verteilt sind. Zum größten Teil bestehen die Galaxienhalos aber nicht aus Sternen, sondern aus Gas. Die Hüllen von Galaxien sind mit dünnem Gas gefüllt, hauptsächlich Wasserstoffgas, das teilweise etwas dichter und kälter ist, oder aber auch extrem dünn und heiß. Und hier kommt es wieder sehr stark auf die unterschiedlichen Galaxientypen an: Spiralgalaxien enthalten hauptsächlich kaltes Wasserstoffgas: frisches Material ideal für die Entstehung von neuen Sternen, also quasi Nachschub für später. Dieses kalte Gasreservoir umgibt die Sternenscheiben der Galaxien ebenso meist scheibenförmig. Elliptische Galaxien hingegen sind von einem eher kugelförmigen Halo aus dünnem und heißem Gas umgeben, extrem heißes Gas mit einer Temperatur von ein paar Millionen Grad. Dort findet garantiert keine Sternentstehung mehr statt, da die einzelnen Teilchen sich viel zu schnell bewegen, um zusammenzuklumpen. Neue Sterne können nur in dichten, kalten Gaswolken entstehen.

Dieses galaktische Halo-Gas, sowohl das kalte als auch das heiße, ist für uns unsichtbar, verrät sich aber natürlich – so viel wissen wir nun schon – durch Strahlung in anderen Wellenlängenbereichen. Das heiße Halo-Gas strahlt seiner hohen Temperatur entsprechend im Röntgenbereich, also mit der gleichen hochenergetischen Strahlung, mit der wir unsere Körper durchleuchten und gebrochene Knochen ablichten können.

Das kalte, neutrale Wasserstoffgas, das häufigste Material im Universum, wäre sehr schwer zu detektieren, würde es nicht praktischerweise kleine Energiepakete emittieren. Ganz ähnlich wie die CO-Moleküle im Submillimeterbereich ist es auch beim neutralen Wasserstoff eine Bewegungsänderung, die diese Photonen erzeugt. Das Wasserstoffatom besteht ja ganz einfach aus einem Proton und einem Elektron. Dieses Elektron bewegt sich um das Proton, aber auch um sich selbst. Man kann es sich fast ein bisschen wie Sonne und Erde vorstellen: die Erde kreist um die Sonne und dreht sich gleichzeitig auch um sich selbst. Ganz so simpel ist es zwar bei Proton & Elektron nicht, aber das vereinfachte Modell ist fürs Erste gut genug.

Was nun passiert, ist, dass das Elektron plötzlich seine Rotationsrichtung, seinen Spin umdreht. Das wäre so, als ob die Erde plötzlich ihre Achse um 180 Grad kippt. Unmöglich? Nein, nur sehr unwahrscheinlich. Aber in der Welt der Elementarteilchen trotzdem möglich – dort passieren die ganze Zeit die verrücktesten Sachen. Jetzt ist es so, dass aus quantenmechanischen Gründen bei dem Umdrehen des Spins ein klein wenig Energie frei wird. Diese Energie entspricht einem Photon mit einer Wellenlänge von 21 Zentimetern. Das Wasserstoffatom emittiert also Radiostrahlung. Die Spinänderung ist zwar ziemlich unwahrscheinlich, aber da so extrem viel von dem Wasserstoff da ist, ist die 21 cm Strahlung trotzdem recht stark und gut zu beobachten. Daher wissen wir auch, dass der Raum zwischen den Galaxien nicht einfach leer ist, sondern gigantische Mengen an neutralem Wasserstoff enthält. Interessanterweise häuft sich das kalte Wasserstoffgas in der Nähe von Spiralgalaxien – rund um elliptische Galaxien ist es nur in Ausnahmefällen zu finden. Dort ist das Gas heiß und angereichert mit anderen chemischen Elementen. Und woher kommt das heiße Gas rund um die großen Galaxien?

Es stammt aus den Galaxien selbst – ein Prozess, der *Feedback* genannt wird. Das neutrale Wasserstoffgas wird in den Galaxien verarbeitet und danach in den galaktischen Halo und sogar weit hinaus in den intergalaktischen Raum zurückgefüttert. Und welche Prozesse genau erzeugen dieses extrem heiße Gas? Da gibt es zwei Hauptmöglichkeiten: explodierende Riesensterne und supermassereiche Schwarze Löcher. Zum einen das *Supernova-Feedback*, bei dem das Material aus gigantischen Sternen, die es am Ende ihres kurzen und turbulenten Lebens in einer Supernova-Explosion zerreißt, in den Weltraum hinausgeschleudert wird. Zum anderen und vermutlich größeren Teil, das *AGN-feedback*, bei dem *Active Galactic Nuclei*, also aktive Galaxienkerne, das heiße Gas erzeugen und aus der Galaxie hinausblasen. Wie um Himmels willen machen die Galaxienkerne das?

Es sind natürlich die unsichtbaren Monster, die sich in den Zentren (oder Kernen) von Galaxien verstecken: die zentralen supermassereichen Schwarzen Löcher. Der einzige Unterschied zwischen einem normalen Galaxienkern mit einem normalen Schwarzen Loch und einer aktiven Galaxie ist, dass ihr zentrales Schwarzes Loch gerade jede Menge Material verschlingt. Was passiert, ist, dass sich große Mengen an Gas durch die Schwerkraft im Zentrum der Galaxie ansammeln, wo das Schwarze Loch schon hungrig auf sie wartet. Das Gas wird mehr und mehr beschleunigt, je näher es sich auf das Schwarze Loch zubewegt. Da das Material immer schon eine gewisse Drehgeschwindigkeit hat, wenn es im Zentrum ankommt, kann es nicht einfach direkt ins Schwarze Loch hineinfallen, sondern beginnt auf eine spiralförmige Bahn um das Schwarze Loch herum einzubiegen und wird weiter beschleunigt. Das Gas fliegt schneller und schneller auf das Schwarze Loch zu und bildet dabei eine Scheibe, die sogenannte Akkretionsscheibe.

Diese Gasscheibe dreht sich extrem schnell und wird dadurch auch extrem heiß und beginnt vor allem im Radio- und Röntgenbereich zu strahlen – der AGN ist geboren. Wenn jetzt sehr viel Gas da ist und ins Zentrum hineinströmt, wird die Sache turbulent: Das Schwarze Loch kann gar nicht genug Material auf einmal verschlucken. Wie bei einem riesigen Verkehrsunfall wird das Gas nach oben (und unten) herausgeschleudert, dort, wo eben Platz ist. Starke Magnetfelder, die durch die stark aufgeheizte und darum elektrisch geladene Akkretionsscheibe selbst verursacht werden, bündeln das hinausgeschleuderte Material in gigantische Jets, die das Gas schlussendlich aus der Galaxie heraus in den intergalaktischen Raum katapultieren. Wenn der Großteil des Gases dann im Schwarzen Loch verschwunden bzw. aus der Galaxie hinaus befördert wurde, versiegt auch die »Aktivität« des Galaxienkerns. Das supermassereiche Schwarze Loch bleibt als schlafendes Monster zurück.

Ein AGN ist also eine Phase im Leben der meisten Galaxien, quasi die Zeit der Galaxienpubertät. Normalerweise ist am Anfang eines Galaxienlebens viel mehr Gas vorhanden, aber natürlich muss auch etwas Zeit vergehen, damit sich das zentrale Schwarze Loch bilden kann. Aktive Galaxien sind also typischerweise junge Galaxien, aber auch keine Babies mehr. Die Milchstraße als Galaxie mittleren Alters hat diese Phase schon lange hinter sich. Sehen können wir die Überreste dieser aktiven Phase aber immer noch: Zwei riesige Blasen aus heißem, sehr dünnen Gas befinden sich in einer Sanduhr-artigen Struktur oberhalb und unterhalb der Sternenscheibe der Milchstraße. Es passiert aber auch, dass die schlafenden Kerne von älteren Galaxien wieder geweckt werden. Die Galaxien können von außen mit frischem Gas verjüngt werden und so eine Art zweiten Frühling erleben. Wenn ihnen nur die richtige andere Galaxie begegnet, die selber noch einen frischen Gasvorrat mitbringt, kann auch eine Galaxie wie die Milchstraße wieder aktiv werden. Galaxien können sich wie Menschen immer wieder neu verlieben.

Das Universum erstrahlt also nicht nur im sichtbaren Licht, sondern auch in allen möglichen anderen unsichtbaren Farben. Inzwischen haben wir den gesamten Himmel auch in allen anderen Wellenlängenbereichen des elektromagnetischen Spektrums genau beobachtet, der unsichtbare Himmel ist für uns nicht mehr dunkel, sondern hell erleuchtet. Wer schon immer mal einen Röntgenblick oder Infrarotaugen haben wollte, kann sich auf https://www.chromoscope.net austoben: Dort kann man sich den ganzen Himmel in den verschiedenen Farben des unsichtbaren Regenbogens anschauen und zwischen den Wellenlängen hin und her switchen. Sterne strahlen im Ultravioletten und Infraroten, Staub und Gaswolken leuchten im fernen Infraroten und im Submillimeterlicht. Auch der Röntgen- und der Radiohimmel sind beinahe wie der gewöhnliche Nachthimmel von leuchtenden Punkten übersät. Allerdings handelt es sich dabei nicht um normale Sterne, sondern um die ungewöhnlichsten Objekte im Universum: Supernovaüberreste, Neutronensterne und Schwarze Löcher. Neben dem vielen Gas, das in den Galaxien zwischen den Sternen, aber auch zwischen den Galaxien selbst herumhängt, besteht das unsichtbare Universum zu einem Großteil aus Sternleichen. Wem das zu gruselig ist, der möge doch gleich zum nächsten Kapitel weiterblättern, denn jetzt wird's erst so richtig dunkel.

Die dunklen Ecken des Universums

Alles, was aus normaler Materie besteht, hat auch eine gewisse Temperatur, und alles, was eine Temperatur hat, muss Strahlung abgeben. Das heißt, theoretisch verrät sich alle Materie im Universum durch ihre Strahlung in irgendeiner für uns meist unsichtbaren, aber doch detektierbaren Wellenlänge.

Alle Materie? Nein, nicht alle. Ein gar nicht so kleiner Teil der Materie im Universum widersetzt sich hartnäckig den Grundsätzen des Elektromagnetismus und weigert sich, zu strahlen. Es ist sogar die überwiegende Mehrheit der Materie im Universum, die sich so jeglicher Beobachtung entzieht, und wir haben bis heute keine Ahnung, worum es sich dabei handelt. Wir haben ihr den Namen Dunkle Materie gegeben.

Schon in den 1880er Jahren hat der britische Physiker William Thomson, aka Lord Kelvin, die Vermutung geäußert, dass die Milchstraße von *dark bodies* bevölkert sein könnte. Kelvin war Thermodynamiker, befasste sich also mit der Umsetzung von Temperatur in Arbeit und Energie. Nach ihm ist auch die einzige vernünftige Temperatureinheit benannt (das *Kelvin*). Temperatur ist ja chaotische Bewegung von Teilchen in einem System, darum ergibt es auch Sinn, dass sich Thomson für die Bewegung der Sterne in der Milchstraße interessierte. Er versuchte, die Masse der Milchstraße aus der Bewegung der Sterne zu bestimmen, und kam zu dem Schluss, dass viel mehr Masse da war als nur die Sterne, die wir sehen konnten. Er mutmaßte, dass viele, ja vielleicht sogar die meisten Sterne der Milchstraße dunkle Objekte sein müssten. In den folgenden Jahrzehnten gab es immer wieder ähnliche Mutmaßungen, aber der erste ganz konkrete Anhaltspunkt, dass mit der Masse im Universum etwas nicht stimmte, kam in den 1930er Jahren von Fritz Zwicky. Er beobachtete Galaxien im (relativ) nahe gelegenen Coma Galaxienhaufen. Der Name Galaxienhaufen ist deskriptiv gewählt, denn genau das ist es auch: ein riesiger Haufen von Galaxien. Diese Galaxien bewegen sich in verschiedene Richtungen durch den Haufen und sausen ziemlich schnell, teilweise mit mehreren Tausend Kilometern pro Sekunde aneinander vorbei. Zwicky fragte sich, woher diese hohen Geschwindigkeiten kamen. War es einfach die Masse und somit Gravitation der Galaxien im Haufen, also ihre gegenseitige Anziehungskraft, die sie so stark beschleunigte? Es gibt eine mathematisch recht einfache Beziehung zwischen Bewegung und Gravitation, die beiden Energieformen lassen sich auch in der praktischen Welt sehr einfach ineinander überführen bzw. umwandeln: Man braucht nur eine Kaffeetasse vom Frühstückstisch zu schieben. Es ist die Möglichkeit des Fallens, die einem etwas höher oben befindlichen Ding innewohnt. Darum nennt man sie potenzielle Energie. Die potenzielle Energie der Kaffeetasse entsteht durch die Masse der Erde, die potenzielle Energie der Galaxien durch die Masse des Galaxienhaufens. Und diese potenzielle Energie muss der kinetischen Energie, also der Bewegungsenergie der Galaxien entsprechen. Genauso, wie ich aus der Beschleunigung der fallenden Tasse die Masse der Erde berechnen kann, kann ich aus der Geschwindigkeit der Galaxien die Masse des Haufens bestimmen. Und genau das hat Zwicky gemacht. Was dabei herauskam, war, dass der Haufen 400 Mal so viel Masse enthalten müsste, um die Geschwindigkeiten der Galaxien zu erklären. Wäre nicht so viel Masse da, wären die Galaxien schon längst auseinandergeflogen und würden keine Haufen mehr bilden. Seine Rechnung war zwar nicht ganz richtig – es ist nur etwa zehnmal so viel Masse notwendig, um den Haufen zusammenzuhalten, nicht 400 Mal –, aber die Schlussfolgerung war die richtige, und das ist das, was zählt. Zwicky hat auch als Erster den Begriff der Dunklen Materie verwendet, um die fehlende, nicht sichtbare Masse zu benennen. Die meisten seiner Kollegen fanden die Idee vollkommen absurd, Dunkle Materie, was soll das sein? Und so rückte die Idee für die folgenden Jahrzehnte wieder in den Hintergrund.

Das nächste und deutlichste Beweismittel für die Existenz der Dunklen Materie sollte Vera Rubin erst etwa 40 Jahre später liefern. Gemeinsam mit ihrem Kollegen Kent Ford begann sie in den späten 1960er Jahren mit einem neuen Spektrographen am Kitt Peak Observatory in Arizona zu arbeiten. Damit untersuchten sie die Rotationsgeschwindigkeit von Spiralgalaxien. Sie wählten Spiralgalaxien aus, die *edge-on*, also von der Seite her zu sehen waren, um den genauen Verlauf der Drehgeschwindigkeit in Abhängigkeit vom Radius der Galaxie, also vom Zentrum nach außen hin, zu bestimmen. Die Vorhersage war, dass die Drehung der Scheibe nahe des Galaxienzentrums am schnellsten war und dann langsam nach außen hin abnehmen würde. Im Zentrum leuchten Galaxien am hellsten, da sind die meisten Sterne, und darum auch die meiste Masse. Dem war allerdings nicht so. Alle Galaxien, die sie untersuchten, zeigten ein sehr ähnliches und unerwartetes Verhalten: Die Rotationsgeschwindigkeit der Sternenscheiben nahm zwar in der Tat im Zentrum rasch zu und begann dann nach außen hin leicht abzufallen, blieb aber in den äußeren Bereichen der Galaxien konstant hoch. Die Galaxien drehten sich vor allem an ihren Rändern viel zu schnell, es dürfte sie so nicht geben, es müsste sie auseinanderreißen. Könnte es sich dabei um einen Messfehler handeln? In den äußeren Bereichen der Galaxien sind ja kaum mehr Sterne, vielleicht waren die Beobachtungsdaten einfach nicht besonders gut? Nein – Rubins Ergebnisse wurden kurz darauf auch von den großen Radioteleskopen bestätigt: Galaxien drehen sich einfach viel zu schnell. Es wäre je nach Galaxie ungefähr 5–10 Mal mehr Masse notwendig, als wir sehen können, um die Drehgeschwindigkeiten zu erklären und die Galaxien zusammenzuhalten.

Doch die Galaxien sind nicht die einzigen, denen ein Großteil ihrer Masse zu fehlen scheint. Im Laufe der letzten Jahrzehnte hat sich aus verschiedenen Richtungen und mit unabhängigen Beobachtungsmethoden ein ganzes Gebäude an Indizien für die Existenz von Dunkler Materie aufgebaut.

Die viel zu schnellen Bewegungen der Galaxien in Galaxienhaufen, die von Fritz Zwicky in den 1930er Jahren entdeckt wurden, haben sich mittlerweile vielfach bestätigt: es gibt keinen Galaxienhaufen, in dem die Galaxien nicht zu schnell unterwegs wären. Außerdem hat sich noch ein ganz anderes Beweismittel dazugesellt: Röntgenaufnahmen des heißen intergalaktischen Gases in den Galaxienhaufen. Aus den Röntgenbeobachtungen des Gases lässt sich ähnlich wie beim sichtbaren Licht seine Masse und Temperatur ableiten und siehe da: Das Gas ist viel zu heiß, als dass es alleine durch die Gravitation der sichtbaren Materie aufgeheizt werden könnte.

Das nächste Puzzleteil kommt von einem wieder ganz anderen Phänomen, das aber auch mit Galaxienhaufen zusammenhängt: dem Gravitationslinseneffekt. Klingt kompliziert, ist es aber eigentlich gar nicht. Das Einzige, was man dazu akzeptieren muss: Masse krümmt den Raum. Und alles, auch das Licht, muss dem gekrümmten Raum folgen. Wenn nun das Licht einer fernen Galaxie sehr nahe an einer riesigen Massenansammlung wie einem Galaxienhaufen vorbei- oder sogar durch sie hindurchfliegt, muss es dem gekrümmten Raum folgen und wird abgelenkt. Das führt dazu, dass Galaxienhaufen wie Vergrößerungsgläser wirken. Bei der richtigen geometrischen Anordnung kann diese Gravitationslinse das Licht auch verstärken und das Bild der fernen Galaxie vergrößern oder verdoppeln, ganz wie eine Linse aus Glas. Das ist praktisch, um diese fernen Galaxien genauer zu untersuchen. Aber genauso können umgekehrt, aus dem vergrößerten und vervielfachten Bild der Galaxie, die Eigenschaften der Linse rekonstruiert werden. Wir können daraus die Verteilung der Masse rekonstruieren, die den Raum so gekrümmt haben muss, um das beobachtete Bild zu erzeugen. Das Ergebnis – ihr ahnt es vielleicht: Ein Vielfaches der sichtbaren Masse von Galaxienhaufen ist notwendig, um die dahinter liegenden fernen Galaxien so abzubilden, wie wir sie sehen.

Muss es wirklich Dunkle Materie sein?

Aber Moment mal, könnte es nicht sein, dass statt einer abstrusen, unbekannten, unsichtbaren Art von Materie einfach etwas mit unserem Verständnis von Gravitation nicht stimmt? Vielleicht hat sich irgendwo ein grundlegender Fehler in unsere Theorie der Gravitation eingeschlichen, den wir jetzt fälschlicherweise als Dunkle Materie interpretieren. Nun ja, offensichtlich sind unsere Gravitationsgesetze nicht falsch, immerhin sind wir damit erfolgreich zum Mond und zu den Planeten geflogen. Aber vielleicht passen die Gesetzmäßigkeiten bei den riesigen Entfernungen der Galaxien einfach nicht mehr ganz. Vielleicht

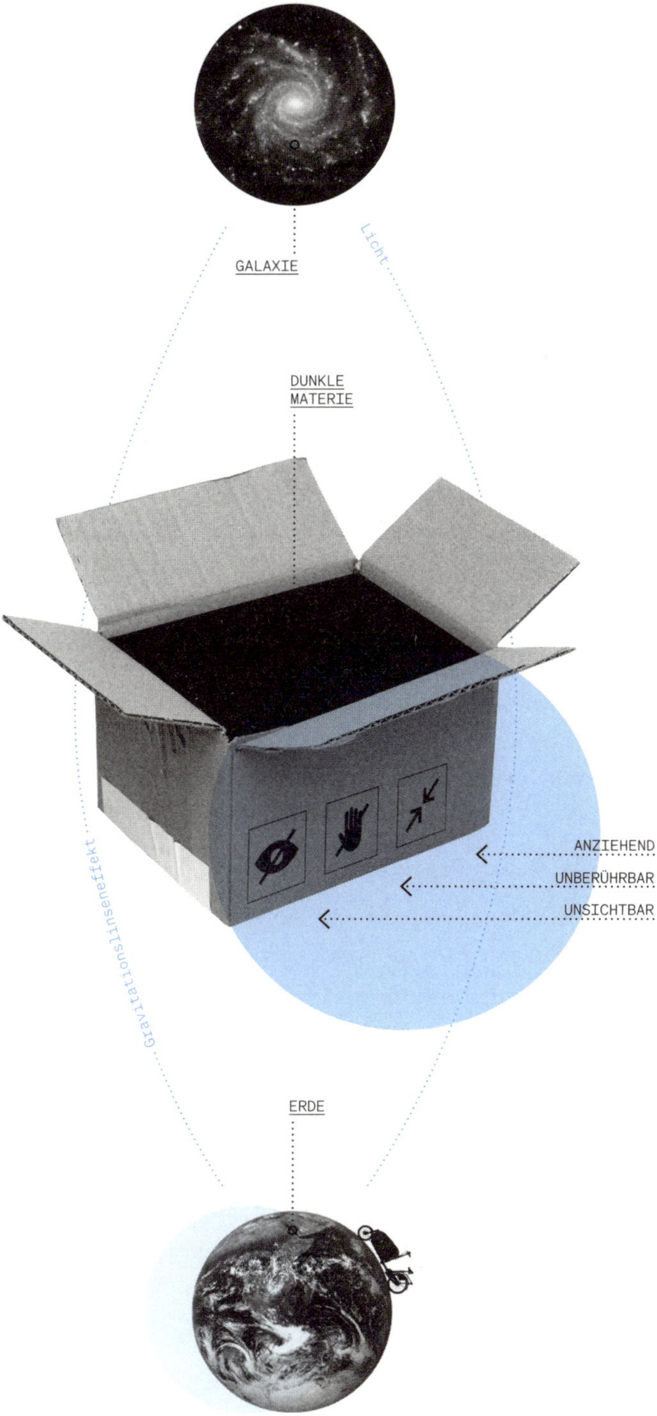
GALAXIE
Licht
DUNKLE MATERIE
ANZIEHEND
UNBERÜHRBAR
UNSICHTBAR
Gravitationslinseneffekt
ERDE

haben wir etwas auf den ganz großen Skalen übersehen, müssen das Gravitationsgesetz *modifizieren*. Die mechanischen Gesetze Isaac Newtons waren ja auch nicht falsch. Albert Einstein hat sie in seiner Relativitätstheorie nur modifiziert und erweitert, um sie an hohe Geschwindigkeiten nahe der Lichtgeschwindigkeit anzupassen. Könnte es sein, dass unser Gravitationsgesetz eine Anpassung zum Beispiel für große Entfernungen oder riesige Massenansammlungen braucht? Immerhin zeigt sich der Effekt der Dunklen Materie am deutlichsten auf großen Skalen, bei den extrem massereichen und gigantischen Strukturen im Universum. Genau das ist die Idee von *MOND*. Also nicht dem Erdtrabanten, sondern der Theorie der *MOdified Newtonian Dynamics*, die sich der Astrophysiker Mordehai Milgrom in den 1980er Jahren ausgedacht hat. Milgrom hatte die Idee, dass das Gravitationsgesetz einen Korrekturfaktor bei sehr niedrigen Beschleunigungen braucht, eine Art Grundbeschleunigung als neue Naturkonstante, unterhalb derer sich die Gravitation anders verhält. Klingt kompliziert, ist aber eigentlich eine einfache und elegante Lösung. Mit MOND lassen sich die Rotation der Galaxien und die Bewegungen innerhalb von Galaxienhaufen ganz leicht ohne fehlende Masse beschreiben.

Doch dann kam die *smoking gun* des *Bullet Cluster*: ein Doppel-Galaxienhaufen etwa 4 Milliarden Lichtjahre von uns entfernt, also eigentlich zwei Galaxienhaufen nebeneinander. Im sichtbaren Licht sieht der Haufen nicht weiter ungewöhnlich aus, abgesehen davon, dass er aus zwei separaten Konzentrationen von Galaxien zu bestehen scheint. Im unsichtbaren Licht aber spielt es sich hier ordentlich ab: Röntgenbilder zeigen das heiße Gas des kleineren Haufens komprimiert zu einer Schockwelle, wie sie eine gigantische intergalaktische Kanonenkugel hinterlassen hätte. Es handelt sich hier offenbar um eine Kollision zweier Galaxienhaufen. Der kleinere Haufen scheint sich dabei schon durch den größeren durchbewegt zu haben. Das Interessante ist: Die Galaxien sind bei der Kollision der beiden Haufen mehr oder weniger unbeschadet durcheinander durchgeflogen. Das heiße Gas in den beiden Haufen aber ist zusammengeprallt, hat sich verformt und wurde abgebremst. Dabei hat sich das Gas von den Galaxien getrennt bzw. verschoben, es ist hinter den Galaxien zurückgeblieben. Die beiden Komponenten Gas und Galaxien liegen jetzt nicht mehr übereinander sondern quasi nebeneinander. Und jetzt kommt der Clou: Die Verteilung der Gesamtmasse des Doppelhaufens wurde mit dem Gravitationslinseneffekt bestimmt. Dabei stellte sich heraus, dass die meiste Masse dort ist, wo die Galaxien sind. Das heiße Gas aber hat, wie bei vielen Galaxienhaufen, mehr Masse als die Galaxien des Haufens selber. Das heißt, die meiste »normale« Materie befindet sich dort, wo das Gas ist, und nicht dort, wo die Galaxien und auch die meiste Gesamtmasse sind. Das bedeutet, dass der Großteil der normalen Materie und die fehlende, also Dunkle Materie nicht am gleichen Ort sind. Das ist natürlich sehr schwer mit Theorien der *modified gravity* wie *MOND* zu erklären. Wenn die fehlende Masse durch eine Abwandlung des Gravitationsgesetzes verstanden werden soll, muss die fehlende Masse am gleichen Ort wie die meiste sichtbare Masse sein. Die naheliegende Erklärung ist, dass die Galaxien und die Dunkle Materie bei der Kollision unbeschadet durcheinander durchgeflogen sind, während das Gas aneinandergeprallt ist und abgebremst wurde, wie es ja auch physikalisch Sinn ergibt und zu erwarten wäre. Der *Bullet Cluster* gilt daher als eines der besten Beweisstücke für die Existenz Dunkler Materie.

Mittlerweile sind auch einige andere, noch komplexere Beweisstücke dazugekommen, wie etwa Beobachtungen von weit entfernten Supernovaexplosionen oder die Energieverteilung in der kosmischen Hintergrundstrahlung oder die Bildung von großräumigen Strukturen, deren Details wir uns allesamt nicht ohne zusätzliche unsichtbare Materie erklären können. Es wird sehr eng für MOND.

Woraus besteht die Dunkle Materie?

Nehmen wir also einmal an, die fehlende Masse ist tatsächlich eine andere, neue, komplett unsichtbare Art von Materie. Nur damit das wirklich klar ist: Dunkle Materie ist nicht nur dunkel, sie strahlt nicht, überhaupt nicht. Vielleicht wäre unsichtbare Materie ein besserer Name. Dunkle Materie ist eigentlich ziemlich langweilig, sie interagiert nämlich nicht. Von den vier Grundkräften der Natur interessiert sie nur die Gravitation, die anderen lassen sie komplett kalt. Man kann Dunkle Materie auch nicht anleuchten, sie reflektiert kein Licht, sie blockiert auch nicht die Sicht. Man kann Dunkle Materie auch nicht greifen, denn Berührung ist auch ein elektromagnetisches Phänomen. Ein riesiger Klumpen Dunkler Materie könnte direkt vor meinem Gesicht hängen, ich würde ihn weder sehen noch spüren, abgesehen davon, dass ich mich ganz leicht zu dem Klumpen hingezogen fühlen würde. Ein Klumpen wäre es allerdings auch nicht, denn Dunkle Materie klumpt nicht zusammen. Keine Schneeballschlacht mit Dunkler Materie, keine konzentrierten Strukturen, keine dunklen Planeten oder dunklen Sterne, keine dunkle Parallelwelt wie die unsere.

Und was um alles in der Welt könnte diese Dunkle Materie sein? Haben wir wirklich überhaupt keine Ahnung?

Natürlich gab und gibt es jede Menge Ideen, Spekulationen aber auch konkrete Experimente, die versuchen, die Bestandteile der Dunklen Materie nachzuweisen. Eine Zeit lang standen Machos & Wimps hoch im Kurs. Die MACHOs, oder *Massive Compact Halo Objects*, sind massive kompakte Objekte, die sich in den Halos der Galaxien verstecken sollen, wie etwa Braune Zwerge oder einsame aus ihrem Sonnensystem hinausgeworfene Planeten. Diese Objekte sind zwar im optischen Bereich schwer zu beobachten, allerdings nicht so schlecht im Infraroten sichtbar und wären mittlerweile in den tiefen, sensitiven Surveys gefunden worden. Was aber nicht der Fall ist. Machos sind mittlerweile also auf jeden Fall obsolet. Und die Wimps (auf englisch »Schwächlinge«)? Ja, wenn wir nur ein passendes *weakly interacting particle* (dafür steht WIMP) finden würden, wäre das die Lösung. Wir wissen einfach noch nicht, ob es diese passenden WIMPs wirklich gibt.

Das Neutrino zum Beispiel wäre ein ideales schwach interagierendes Teilchen. Billionen davon fliegen jede Sekunde durch uns durch und wir merken es nicht, weil es eben so weakly interagiert. Das Problem mit den Neutrinos ist nur, dass sie zu »heiß« sind: Sie bewegen sich zu schnell, und das passt nicht zu den vorher erwähnten komplexeren Beweisstücken, die wir beobachtet haben. Was wir brauchen, ist kalte Dunkle Materie, *cold dark matter*. Ein anderes vielversprechendes Elementarteilchen, das passen könnte, ist das Axion. Nach einer Waschmittelmarke benannt, ist es aber unglücklicherweise nur ein hypothetisches Teilchen, dessen Existenz postuliert wurde, um ein Problem der Quantenchromodynamik zu lösen. Ein Experiment das Axionen nachweisen soll (das ADMX), ist seit einigen Jahren im Gange und konnte uns auch schon einiges darüber sagen, wie Axionen *nicht* aussehen. Der große Durchbruch aber steht noch aus.

Massereich, unsichtbar, kalt – könnte es sich bei der Dunklen Materie nicht einfach um Schwarze Löcher handeln? Na ja, große Schwarze Löcher können es nicht sein, denn die sehen wir im Röntgenbereich. Sie verraten sich auch durch ihre Raumkrümmung, indem sie – ähnlich wie beim Gravitationslinseneffekt der Galaxienhaufen – Objekte im Hintergrund verzerren, und das könnten wir beobachten. Und was ist mit einer riesigen Menge an sehr kleinen Schwarzen Löchern? In der Tat könnten solche Mini-Löcher in der ersten Sekunde nach dem Urknall entstanden sein. Man nennt sie deswegen *primordiale* Schwarze Löcher, weil sie quasi von Anfang an da waren. Wir wissen allerdings noch nicht, ob es sie tatsächlich in großen Mengen gibt und vor allem wissen wir nicht, wie stabil solche kleinen Schwarzen Löcher sind. Vermutlich zerstrahlen sie nämlich im Laufe der Zeit durch die *Hawking Strahlung*: die von Stephen Hawking postulierte, minimale Strahlung, die Schwarze Löcher abgeben und die zu ihrer langsamen Auflösung führt. Natürlich sind diese mikroskopischen Schwarzen Löcher nur indirekt und auch extrem schwer zu beobachten, weshalb das Thema noch offen ist.

Wir wissen zwar nicht, woraus die Mehrheit des Universums besteht, aber wir wissen, das wir der mysteriösen Dunklen Materie unsere Existenz verdanken. Denn ohne Dunkle Materie wäre nie genug Masse an einem Ort zusammengekommen, um überhaupt Galaxien und damit vermutlich auch Sterne wie unsere Sonne zu bilden. Und so kommen wir auch wieder zurück ans Licht und tauchen noch tiefer in die wunderbare Welt der Galaxien und ihrer Entstehung und Entwicklung ein.

Das aufregende Leben der Galaxien

Ein Quantum Trost in der Atacamawüste

Ich sitze im bequemen, klimatisierten Reisebus. Draußen ist es stockdunkel, die schnurgerade Landstraße liegt vor uns, ins fahle Scheinwerferlicht des Busses getaucht. Jeder neue Meter Straße scheint aus dem schwarzen Nichts vor uns aufzutauchen, fast wie in einem Computerspiel. So geht es nun schon seit ein paar Stunden. Eigentlich ein meditativer und angenehm einschläfernder Anblick, gerade richtig für eine nächtliche Busfahrt – würde nicht in unregelmäßigen, kurzen Abständen die große rote Lampe der Geschwindigkeitsüberwachungsanlage in der Mitte hinter dem Fahrersitz aufleuchten. Und damit die Warnlampe ihre Wirkung auch so richtig entfalten kann, ist sie mit einer Hupe verbunden, die jedesmal laut quäkt, wenn die Geschwindigkeit des Busses 90 km/h überschreitet. Määääk. Chile ist ein gefährliches Pflaster, was den Straßenverkehr angeht. Es ist aber nicht so, dass die Straßen in einem schlechten Zustand wären. Es liegt meistens daran, dass die Leute viel zu schnell unterwegs sind, vor allem eben auch die Reisebusse. Die ewig langen und oft schnurgeraden Landstraßen, die das 4000 km lange Land durchziehen, laden ja förmlich zum Rasen ein. Auf jeden Fall gab es viel zu viele Unfälle mit Reisebussen, die auf überhöhte Geschwindigkeit zurückzuführen waren. Die Busunternehmen reagierten darauf mit eben diesen Warnsirenenlampen und mit einem auszufüllenden Formular. Alle Passagiere müssen beim Einsteigen in den Bus eine Erklärung unterschreiben, dass sie sich der Risiken einer Busfahrt bewusst sind und die Daten einer Kontaktperson im Todesfall angeben. Das hat natürlich ein sehr beruhigendes Gefühl auf uns Passagiere, was wahrscheinlich mit ein Grund ist, warum ich immer noch wach bin. Vielleicht soll uns die Warnlampe in unserer Passivität als Passagiere ein Gefühl der Kontrolle vermitteln, allerdings dient sie in Wirklichkeit wohl eher dazu, auch den Busfahrer wachzuhalten. Ich bin auf dem Weg von La Serena nach Antofagasta, eine staubige Stadt an der nordchilenischen Pazifikküste, die ziemlich genau so aussieht, wie sie klingt, trocken und rau. Mein Ziel: der Paranal, ein Berg in der chilenischen Atacamawüste, der die vier großen Teleskope des VLT, des *Very Large Telescope* beherbergt.

Das ESO Shuttle bringt uns von Antofagasta die zweieinhalbtausend Meter hinauf zum Observatorium. Auf dem Weg durchqueren wir eine Landschaft, die ich so noch nie gesehen habe – na ja, zumindest nicht auf diesem Planeten. Der Blick aus dem Fenster erinnert sehr an die Bilder, die die Mars Rover von ihren Touren auf unserem Nachbarplaneten zur Erde zurückschicken. Die Atacamawüste ist die trockenste Wüste der Welt. Und ich dachte La Silla wäre schon eine richtige Wüste. Dort wachsen allerdings noch allerhand Stauden und Grasbüschel. Hier wächst nichts mehr, und zwar wirklich nichts, nicht ein Grashalm. Es ist fast unvorstellbar, dass diese marsartige Landschaft hier durchschnittlich alle 5 Jahre von einem Blütenteppich aus gelb und lila überzogen wird. Es ist das Christkind, beziehungsweise das gleichnamige Klimaphänomen *El Niño* – spanisch für das Kind –, das ab und zu sogar für eine dünne Schneedecke auf den Behausungen der vier großen Teleskope sorgt. Sonst herrscht hier aber eine extrem stabile Inversionswetterlage. Der Paranal liegt gut 100 km südlich von Antofagasta, aber nur 12 km von der Pazifikküste entfernt. Der kalte Humboldtstrom sorgt für eine dünne, stabile Wolkenschicht in geringer Höhe über der Küste, die auch die Luftfeuchtigkeit darüber extrem niedrig hält. Vom Paranal aus sieht man das Meer, meist ist es aber ein weißes Meer, ein flauschiges Wolkenmeer über dem Pazifik.

Wir erreichen das abgeriegelte Areal der ESO. Alle Besucher:-innen müssen sich anmelden und bekommen einen Ausweis. Es gibt hier auch öffentliche Führungen, aber anders als am Mauna Kea in Hawaii nicht in Eigenregie, sondern nur mit Voranmeldung. Abgesehen von den weithin sichtbaren Teleskopen, die hoch über uns in ein paar Kilometern Entfernung auf dem menschengemachten Plateau thronen, ist das Gelände zuerst unauffällig, ein paar Baracken rechts von uns und sonst nicht viel los. Wir sind hier im Herzstück der ESO, der größten europäischen Astronomieorganisation, dem vermeintlich produktivsten Observatorium der Welt. Wo sind all die Leute? Wo ist das Gebäude, in dem das Teleskop-Personal untergebracht ist? Mehr als 100 Menschen arbeiten jeden Tag und jede Nacht am Paranal, aber nur etwa 10 % davon sind Astronom:innen. Die meisten hier gehören, wenn sie nicht Techniker:innen oder Ingenieur:innen sind, zum Administrations- und Servicepersonal: die Leute, die den ganzen Schuppen am Laufen halten.

Die *Residencia*, wie das ESO-Hotel genannt wird, ist in den Berghang hineingebaut und straßenseitig kaum zu sehen. Wäre da nicht die flache Glaskuppel am ebenerdigen Dach, hätte ich überhaupt keine Ahnung gehabt, wo sich das riesige Gebäude vor meinen Augen versteckt. Mein Host Stephane kommt mir auch schon entgegen und ruft grinsend: »Hier entlang!« Der Eingang befindet sich am Ende einer langen Rampe, die leicht nach unten abfällt und zu einer schweren, dunklen Doppeltür führt. Wir öffnen die Tür – und die Wärme und Luftfeuchtigkeit schlägt mir ins Gesicht. Wow! Wir sind am oberen Ende einer großen runden Halle, gefüllt vom üppig leuchtenden Grün eines tropisch-paradiesischen Palmengartens mit einem hellblau schillernden Swimmingpool in der Mitte. Das harte Leben im Dienste der Wissenschaft. Ja, auf den ersten Blick wirkt es wie unnötiger Luxus, aber die Wohlfühloase hat gesundheitliche Gründe, wie mir versichert wird: Bei regelmäßigen längeren Aufenthalten ist ein Kontrast zur niedrigen Luftfeuchtigkeit essenziell für die Gesundheit der Atemwege. Immerhin sind wir an einem der trockensten Orte der Welt mit typischerweise weniger als 10 % Luftfeuchtigkeit. Wahrscheinlich wirkt der Kontrast auch ein wenig ärger angesichts der kargen Marsoberfläche hinter der Doppeltür. Auf der anderen Seite hat die Residencia eine Fensterfront, die manche vielleicht vom James Bond Film *Quantum of Solace* (»Ein Quantum Trost«) kennen. Im Film wird das Hotel spektakulär zerstört – aber keine Sorge, das war natürlich nur ein Modell. In der Residencia gibt es neben den Zimmern und dem großen Restaurant auch eine Bibliothek, eine Sauna, Fitness- und Musikräume, und manchmal finden auf dem kleinen Platz vor dem Pool sogar Konzerte statt. Bei Einbruch der Dunkelheit wird natürlich alles abgedunkelt, auch die riesige Glaskuppel, um keine Lichtverschmutzung zu erzeugen.

Es ist kurz nach 4 Uhr, höchste Zeit, zum Plateau der Teleskope hinaufzufahren. Die praktische flache Ebene am Gipfel des Berges haben wir nicht Mutter Natur zu verdanken – hier wurde einfach die Spitze des Berges abgesprengt, um den vier riesigen, rechteckigen Türmen der Teleskopbehausungen Platz zu bieten. Es ist nur eine kurze Fahrt vom Hotel hinauf zum Teleskop-Plateau, wo auch der Kontrollraum des VLT liegt. Von hier aus werden die vier *Unit Telescopes*, wie die vier großen Einzelteleskope auch genannt werden, und die zusätzlichen vier kleinen *Auxiliary Telescopes*, die sogenannten Hilfsteleskope, gesteuert.

Spiralgalaxie bzw. Feuerradgalaxie M101
Pferdekopfnebel
Sternentstehungsgebiete
B:29,00 m H:28,50 m
M2 SEKUNDÄRSPIEGEL
DURCHMESSER:0,94 m
STRUCTURE
M1 HAUPTSPIEGEL
DURCHMESSER:8,20 m
OBSERVING FLOOR
TELESCOPE PIER
2.635 m
ROTATING PLATFORM
BASEMENT:-4,45 m
VERY LARGE TELESCOPE

Als wir im Kontrollraum ankommen, herrscht hier schon ein reges Treiben. Köpfe sind über Laptops zusammengesteckt, eine wilde Komposition aus Bildschirmen, die auf verschiedenen Ebenen angebracht sind, leuchtet uns entgegen. Wir bleiben aber nicht im Kontrollraum, sondern gehen eine kleine Treppe hinauf, die uns direkt zum Teleskop-Plateau führt. Die Luft ist frisch und extrem klar. Da stehen sie vor mir in ihrer scheinbar zufälligen Anordnung, die vier großen *Unit Telescopes* und die vier kleinen *Auxiliary Telescopes*, die immerhin auch jeweils fast zwei Meter Spiegeldurchmesser haben und nur im Vergleich zu den VLT-Türmen klein wirken. Mit ihren kleinen runden Kuppeln sehen sie ein wenig wie große R2-D2 s aus (für Spätgeborene: R2-D2 ist ein Pfeiftöne von sich gebender Droide aus *Star Wars*). Vielleicht auch, weil ich weiß, dass sie sich tatsächlich auf dem Plateau hin- und herbewegen können.

Solange es noch hell ist, bekomme ich die Chance, mir eines der vier großen Geräte anzusehen. Die offene Stahlkonstruktion, in Blau und Weiß gehalten, sieht aus wie bei den meisten anderen großen Spiegelteleskopen. Nur ist sie riesig, fast 30 Meter hoch ragt sie vor uns empor. Die gesamte Struktur wiegt 430 Tonnen, ist aber so perfekt ausbalanciert, dass man sie mit der Hand bewegen kann. Der Spiegel aller vier UTs hat 8,2 m Durchmesser und wiegt 23 Tonnen, ist aber nur 17,5 cm dick. Damit der Spiegel das Licht auch gut reflektiert, ist der Glaskeramikkörper mit einer Schicht aus Aluminium überzogen, die unglaubliche 80 Nanometer dünn ist. Für die ganze 200 m^2 große Spiegeloberfläche braucht man nur etwa 12 Gramm Aluminium. Gestützt und in die perfekte Form gebracht wird der bewegliche Spiegel von den Metallstiften der aktiven Optik, die Technologie, die ja schon im NTT in La Silla erfolgreich angewandt wurde. Und für noch perfektere Bilder gibt es am VLT neben der *aktiven* auch noch die *adaptive* Optik, mit der die Luftbewegungen der Atmosphäre in Echtzeit ausgeglichen werden.

Dafür hat das Teleskop einen verformbaren Sekundärspiegel, der sich ständig den Luftunruhen anpasst. Woher wissen wir, wie die Luft wobbelt? Ein *Guidestar*, ein Leitstern, wird gleichzeitig mit dem astronomischen Objekt beobachtet, und Abweichungen des Sterns von der idealen Form werden berechnet, und zwar etwa 1000 Mal pro Sekunde. Es ist in etwa so, als würde man das Bild einer Person filmen, wie es von der Oberfläche eines Swimmingpools reflektiert wird, und dabei die Optik der Kamera an die wobbelnde Oberfläche des Wassers anpassen und so ein ruhiges und scharfes Bild erzeugen. Jetzt hat das VLT aber noch einen besonderen Joker im Ärmel: Es kann sich seine eigenen Leitsterne produzieren. Nein, das VLT kann keine echten Sterne erschaffen, sehr wohl aber deren Bild. Vier orangefarbene Laser werden dafür in den Himmel gestrahlt. Dieses Laserlicht hat genau die richtige Farbe, um Natrium-Atome in der oberen Atmosphäre zum Leuchten zu bringen – und ein künstlicher Stern wird sichtbar. Das besondere daran: Die vier Laser können Sterne in unterschiedlichen Höhen der Atmosphäre erzeugen und so die Luftbewegungen Schicht für Schicht messen und berechnen. Die Turbulenzen werden dann sofort durch die bewegliche Optik des Teleskops in Millisekunden ausgeglichen und geglättet. Als würde man die Spiegelung der Wellen am Boden eines Swimmingpools beobachten und daraus alle einzelnen überlagerten Wellen rekonstruieren, die im Pool hin- und herschwappen. Natürlich habe ich auf das spektakuläre Bild des Lasers in Action gehofft, aber leider kommt er in dieser Nacht nicht zum Einsatz.

Als wir zurück in den Kontrollraum kommen, hat sich das rege Treiben beruhigt. Die Astronom:innen sitzen an ihren Terminals und wirken hoch konzentriert. Und ich genieße es, ihnen einfach nur zuzuschauen. Diesmal bin ich ja wirklich nur zu Besuch. Meine eigenen Beobachtungen mit dem VLT wurden etwa 1 Jahr zuvor im *Service Mode*, also von *Staff Astronomers* der ESO durchgeführt. Vielleicht hat ja sogar einer oder eine der gerade hier Anwesenden meine Galaxien für mich beobachtet. Nur die wenigsten Astronom:innen, die mit dem VLT beobachten, reisen auch wirklich zum VLT. Etwa 70 % der Beobachtungen werden im *Service Mode* durchgeführt. Mich stört das aber gerade überhaupt nicht, denn das heißt, ich kann mir die spannende Arbeit der anderen anschauen, mit der ich sonst wenig zu tun habe. Zwei Tische weiter sind ein paar Leute um einen Bildschirm geschart, auf dem eine unscheinbar wirkende, leicht wobbelige Scheibe zu sehen ist. »It's a star!« Aha, ein Stern. »Wait a second – What?« Ein Stern? Das *Bild* eines Sterns? Warum mich das so überrascht? Weil Sterne so weit von uns weg sind und darum so klein erscheinen, dass sie auch mit den größten Teleskopen auf der Erde immer noch punktförmig, also zu klein sind, um sie wirklich abzubilden. Die Vergrößerung und die Genauigkeit eines Teleskops hängt von seiner Größe ab. Je größer das Teleskop, desto mehr Details können wir auflösen. Um unseren Nachbarstern mit Details seiner Oberfläche abzubilden, bräuchten wir aber ein kilometergroßes Teleskop. Kilometer! Nicht Meter. Wie ist das Bild des Sterns also möglich? Es ist ein Interferometrie-Bild, das hier am Bildschirm zu sehen ist. Die Teleskope des VLT wurden hier zum *VLT Interferometer* dem VLTI zusammengeschaltet. Das heißt, nicht ihre aufgenommenen Bilder werden addiert, sondern ihr Lichtsignal wird live ganz exakt und genau zur richtigen Zeit überlagert, so, als kämen sie von *einem* Teleskop. Die gesammelten Lichtwellen aus den Tiefen des Universums werden mit Glasfaserkabeln in die Eingeweide des VLTI unter der Teleskop-Plattform gelenkt, dort sorgfältigst genau überlagert und dann erst auf den Detektor gestrahlt. Damit wird das Bild so scharf, als wäre es von einem riesigen Teleskop mit der Größe des Abstands zwischen den einzelnen Teleskopen aufgenommen worden. Das heißt, aus den Einzelteleskopen auf der Plattform ist ein riesiges virtuelles Teleskop mit dem Durchmesser der Plattform selbst geworden. Mit dem VLTI kann eine Auflösung von ein paar Millibogensekunden erreicht werden. Das sind ungefähr zwei Meter auf der Oberfläche des Mondes. Bedeutet: Das VLTI könnte die beiden Scheinwerfer eines Autos auf der Mondoberfläche auseinanderhalten.

Das Wichtige bei der Technik der Interferometrie ist es, so viele verschiedene Abstände, sogenannte *Baselines*, wie möglich zwischen den Einzelteleskopen zu haben. Um ein realistisches Bild zu bekommen, brauchen wir so viele verschiedene Baselines wie möglich. Darum sieht es auch so aus, als würden die Teleskope etwas durcheinandergewürfelt in einer zufälligen Anordnung herumstehen. Die *Auxiliary Telescopes*, die kleinen R2-D2s, können zusätzlich auf der Teleskopplattform verschoben werden, um noch mehr verschiedene Baselines zu bilden. Um ein Bild zu erzeugen, müssen die Signale aller einzelnen Teleskope in Echtzeit ganz exakt überlagert werden – eine technische Meisterleistung. Die Technik der Interferometrie wird ja schon länger bei Radioteleskopen rund um die Welt angewandt. Dabei werden die Signale der Teleskope quer um den Globus verschickt und dann kombiniert. Könnte man das beim VLT nicht auch machen? Warum muss das Ganze hier in Echtzeit passieren? Damit die Technik funktioniert, muss das Licht ganz genau Welle für Welle überlagert werden. Bei Radiowellen ist das viel einfacher, weil die Wellen viel länger sind. Die Lichtwellen sind aber so klein, dass ihre exakte

Ankunftszeit einfach nicht genau genug gemessen werden kann. Sie bewegen sich ja mit Lichtgeschwindigkeit, und ihre Wellenberge und Wellentäler wechseln sich bei den kleinen optischen Lichtwellen viel zu schnell ab. Wir können sie nicht aufnehmen und mit einem Zeitstempel versehen, dafür sind unsere Messgeräte zu langsam. Es bleibt uns also nichts anderes übrig, als das Licht vor Ort zu kombinieren.

Seit 2016 hat das VLTI ein neues Interferometrie-Instrument namens GRAVITY. Damit wurden auch die Beobachtungen des Sterns S2 gemacht, der im Herbst 2020 besondere Berühmtheit erlangt hat. GRAVITY hat S2 dabei verfolgt, wie er mit mehr als 5000 km/s um das unsichtbare Schwarze Loch im Zentrum der Milchstraße herumgeflogen ist. GRAVITY erreicht eine Auflösung von bis zu 30 Millionstel Bogensekunden. Damit könnte das Instrument zwei Glühwürmchen voneinander unterscheiden, die im Abstand von 6 cm auf dem Mond sitzen. Schade, dass es auf dem Mond keine Glühwürmchen gibt.

Nur etwa 20 % der Zeit werden die Teleskope gemeinsam im Interferometrie-Modus verwendet. Die meiste Zeit beobachtet jedes der vier für sich alleine das Universum, meist sind es ferne Galaxien im frühen Universum oder Exoplaneten, die um andere Sterne kreisen. Jedes der vier Teleskope hat auch einen eigenen Namen. Es sind Namen von Himmelsobjekten in der Sprache der Mapuche, einer indigenen Bevölkerungsgruppe Chiles, die sich über Jahrhunderte hinweg erfolgreich der Eroberung durch die Spanier widersetzen konnte und erst im späten 19. Jahrhundert von Chile unterworfen wurde. Sie heißen *Antu*, die Sonne, *Kueyen*, der Mond, *Melipal*, das Kreuz des Südens, und *Yepun*, der Abendstern.

Ich schleiche mich aus dem Kontrollraum und ziehe vorsichtig die Tür hinter mir zu. Zuerst sehe ich mal eine unangenehm langsam verstreichende Zeit lang gar nichts, bis ich endlich die Umrisse der Giganten vor mir auf der Plattform ausmachen kann, der Lichtschein von Antofagasta gerade noch sichtbar am Horizont. Ich warte noch ein bisschen und dann schaue ich nach oben. Die Milchstraße zieht sich über den Teleskopen von Horizont zu Horizont, das Kreuz des Südens ist vor lauter Sternen kaum zu sehen. Manche Leute finden die unvorstellbaren Weiten des Universums bedrückend oder beängstigend – ein Gefühl, dass im Englischen sogar einen Namen hat: *cosmic vertigo* (also kosmische Höhenangst, oder kosmisches Schwindelgefühl). Ich empfinde das gigantische Lichtermeer aus dem Universum als sehr tröstlich und beruhigend. Es vermittelt mir ein Gefühl der Zugehörigkeit zu einem großen Ganzen. Selten hatte ich so stark das Gefühl, Teil dieser Galaxis zu sein, wie in diesem Moment auf der Plattform des VLT.

Wie sich Galaxien wandeln

Die Milchstraße ist eine typische große Spiralgalaxie, eine gigantische flache Sternenscheibe, so, wie die meisten Galaxien in unserer kosmischen Nachbarschaft. Ein knappes Viertel der Galaxien sieht aber komplett anders aus. Wir erinnern uns an die zwei großen Galaxientypen: elliptische und Spiralgalaxien sowie Edwin Hubbles Einteilung der beiden in sein berühmtes Stimmgabel-Diagramm, die *Hubble Tuning-Fork*. Auf der einen Seite die elliptischen Galaxien (E) mit ihren ovalen Formen, nach ihrer Elliptizität, ihrer Abflachung sortiert, und auf der anderen Seite die Spiralgalaxien (S) mit ihren dünnen Scheiben und geschwungenen Spiralarmen, einmal mit Balken und einmal ohne. Die Klasse der S0 Galaxien, scheibenförmig, aber ohne Spiralarme, liegt genau zwischen den beiden Typen, dort, wo sich die Stimmgabel teilt. Das anschauliche und simple Schema bringt aber nicht nur eine befriedigende Art von Ordnung ins scheinbare Chaos der Galaxienmorphologie. Die Hubble-Sequenz erzählt uns auch die Geschichte der Bildung und Entwicklung von Galaxien, oder zumindest einen bedeutenden Teil davon.

Hubble nannte die elliptischen und S0 Galaxien *early-type,* also frühe Typen, und die Spiralgalaxien *late-type*, späte Typen. Je stärker die Spiralarme ausgeprägt waren, umso später war der Typ der Galaxie. Umgekehrt heißt das aber auch: je dominanter der *Bulge*, also die Zentralkugel einer Galaxie, desto *früher* der Typ der Galaxie. Das Hubble Diagramm ist eine Bulge-Sequenz, die quasi von *bulge-only,* also nur aus Bulge bestehenden, elliptischen Galaxien, zu den Spiralgalaxien mit immer weniger ausgeprägten Bulges führt. Chronologisch interpretiert wären die verschiedenen Galaxientypen jeweils ein Schnappschuss in der langsam ablaufenden Entwicklung der Galaxien, die sich über die Jahrmillionen und -milliarden erstreckt.

Könnte es sein, dass sich die ausgedehnten Scheiben der Spiralgalaxien im Laufe der Zeit um den dichteren, kugelförmigen Bulge herum bilden? Dass Bulges mit der Zeit flacher und scheibenartiger werden? Die stärker abgeflachten elliptischen Galaxien und vor allem die flachen S0 Galaxien wären dann eine Art *missing link* in dieser Entwicklung: Eine Scheibe hatte sich schon um den elliptischen Bulge herum gebildet, war aber noch ohne Spiralarme, die dann wohl länger brauchten, um sich zu entwickeln. Die Idee ist einleuchtend – aber leider falsch, zumindest was die großen »normalen« Galaxien betrifft. Wir wissen heute, dass die Entwicklung der Galaxien vielen verschiedenen Pfaden folgt, aber dass aus einer großen elliptischen Galaxie mit ziemlicher Sicherheit keine Spiralgalaxie mehr wird. Die Idee der Entwicklungssequenz aber ist gar nicht so falsch – für gewöhnlich verläuft die Entwicklung allerdings genau in die andere Richtung.

Aber wie geht diese Entwicklung tatsächlich vonstatten? Was sind die Mechanismen, die Galaxien dazu bringen, ihre Form zu verändern? Haben die beiden großen Galaxienarten etwas miteinander zu tun? Oder entstehen sie vielleicht ganz unabhängig voneinander auf unterschiedliche Weise?

Die Sache ist ja die, dass elliptische und Spiralgalaxien nicht einfach nur anders aussehen. Ihre unterschiedlichen Morphologien entstehen durch grundlegend unterschiedliche Strukturen und physikalische Prozesse, die in diesen Galaxien ablaufen. Die Sterne in den beiden Galaxienarten bewegen sich zum Beispiel grundlegend anders: Sterne in den Scheiben von Spiralgalaxien haben eine gemeinsame, geordnete Rotation, während Sterne in den elliptischen Galaxien auf ihren elliptischen Bahnen wild durcheinanderwirbeln. Das Gas in Spiralgalaxien ist hauptsächlich kalt, mit Staub durchsetzt und eben in einer sehr dünnen flachen Scheibe konzentriert, die sich weit über die sichtbare Sternenscheibe ausdehnt. In elliptischen Galaxien gibt es praktisch kein kaltes Gas und eher wenig Staub. Das vorhandene Gas ist kugelförmig in und um die Galaxie verteilt, extrem dünn und extrem heiß, in seinem Zustand vergleichbar mit der Sonnenkorona, der dünnen, heißen äußeren Hülle unseres Sterns.

Wie kann es sein, dass sich zwei so grundlegend verschiedene Typen von Galaxien unabhängig voneinander bilden? Es gibt noch einen tendenziellen Unterschied zwischen den Galaxientypen, der mit ihrer Unterschiedlichkeit zusammenhängen könnte: die Gesamtmasse der Galaxien. Wenn wir uns vorstellen, wie die Sterne in elliptischen Galaxien und Bulges von Spiralgalaxien angeordnet sind, sticht uns gleich ein wichtiger Unterschied ins Auge: die elliptische Struktur ist dreidimensional. Eine Sternen-Gas-Scheibe ist natürlich auch ein dreidimensionales Gebilde, aber die Sterne in Spiralgalaxien sind eben hauptsächlich in einer Ebene konzentriert. Was hat das nun mit der Masse zu tun? Natürlich bekomme ich in eine kugelförmige Anordnung mehr Sterne hinein als in eine flache Anordnung, ganz einfach, weil ich den Platz oberhalb und unterhalb der Scheibe auch mit Sternen vollpacken kann. Zusätzlich ist es auch noch so, dass die Sterne in elliptischen Galaxien konzentrierter sind: Die Sterne stehen im Zentrum viel dichter beieinander als in einer Scheibenstruktur. Gleichzeitig sind elliptische Galaxien in ihren Randbereichen noch weiter ausgedehnt als Spiralgalaxien. Sie haben oft einen sehr dünnen, dafür aber riesigen Stern-Halo um sich herum, während die Scheiben von Spiralgalaxien eher abrupt aufhören. Die Verteilung der Sterne ist schlichtweg eine andere, viel dichter im Zentrum und ausgedehnter in den Außenbereichen. Zusammengefasst heißt das, es geht in eine elliptische Galaxie ähnlicher Größe viel mehr Material hinein. Elliptische und bulge-dominierte Galaxien, also solche *frühen* Typs, sind also massereicher als vergleichbare Galaxien *späten* Typs.

Und was bedeutet das für die Entstehung der Galaxien? Nun könnte es natürlich einfach sein, dass eine Galaxie, die am Anfang ihrer Entstehung mehr Material zur Verfügung hatte – zum Beispiel durch Dichtefluktuationen im frühen Universum – quasi automatisch zu einer elliptischen Galaxie wird. Die Galaxien in Gegenden mit weniger Material wurden zu scheibenförmigen Spiralgalaxien. Das ist einleuchtend, da die vorhandene Masse selbst ja auch für die unterschiedliche Verteilung, Bewegung und Temperatur der Materie in den Galaxien verantwortlich ist. Die Anhäufung von Masse krümmt den Raum zu einer Art Grube (in der zweidimensionalen Gummituch-Analogie des

Raums), den sogenannten Potenzialtopf. Mehr Masse bedeutet eine tiefere bzw. steilere Grube im Gummituch des Raums, in der sich die Sterne schneller und chaotischer bewegen und die das Gas zu hohen Temperaturen aufheizt. Die Gesamtmasse der sich bildenden Galaxie könnte also entscheiden, welche Art von Galaxie es wird. Das Problem dabei ist nur, dass die Masse nicht linear immer größer wird, wenn man Spiralen mit elliptischen Galaxien vergleicht. Bei gleicher Masse kann eine Galaxie sowohl elliptisch als auch spiralförmig sein. Die massereichen Galaxien sind schon *eher* elliptische Galaxien, aber eben nicht nur. Es gibt riesige, massereiche Spiralgalaxien (wie etwa die Andromedagalaxie) und kleine elliptische Galaxien (wie etwa M32, eine kleine Begleitergalaxie von Andromeda). Aus der Masse kann sich die Form einer Galaxis also nicht allein ableiten. Was trägt dann noch zur Entwicklung und Verwandlung von Galaxien bei?

Der Katalog der seltsamen Galaxien

Wenn es eine Möglichkeit gibt, wie sich der eine Galaxientyp in den anderen verwandeln kann, dann müssen wir diese Verwandlung natürlich auch beobachten können. Für so eine grundlegende Veränderung muss schon etwas Großes passieren, etwas wirklich Großes. So eine Veränderung geht auch nicht von heute auf morgen, das heißt, wir müssten jede Menge Beispiele von Galaxien sehen können, die sich gerade verwandeln.

Das hat sich in den 1960er Jahren wohl auch der US-amerikanische Astronom Halton Arp gedacht. Motiviert vom Mysterium der Existenz der beiden großen, grundverschiedenen Galaxientypen begann er, Beispiele von Galaxien zu sammeln, die nicht ins Schema passen wollten. Wenn du die Gewöhnlichen verstehen willst, schau dir die Ungewöhnlichen an. Diese sogenannten *irregulären Galaxien* sind gar nicht so selten, sogar Hubble hatte sie als Gruppe nachträglich seiner Sequenz hinzugefügt, allerdings etwas unmotiviert als diffuse Wolke jenseits der Spiralgalaxien, ohne Verbindung zu den anderen Galaxientypen. Arp war besonders an den seltsamen Galaxien interessiert, also Galaxien, die nicht nur keine reguläre Form hatten, sondern Galaxien, die seltsame und außergewöhnliche Merkmale aufweisen. Mitte der 60er Jahre hatte Arp mehr als 300 Beispiele für diese ungewöhnlichen Galaxien gesammelt, und 1966 veröffentlichte er seinen *Atlas of Peculiar Galaxies*. Es ging ihm dabei aber nicht um eine vollständige Auflistung aller seltsam aussehenden Galaxien, sondern um eine Art Datenbasis, die Astronom:innen verwenden konnten, um die verschiedenen Seltsamkeiten zu studieren und die dahinterliegenden Prozesse, die sie verursachten, zu entlarven. Er sah die *Peculiar Galaxies* als astronomische Experimente, mit denen Astronom:innen ihre Hypothesen zur Entwicklung der Galaxien testen konnten. Er versuchte deshalb auch so viele verschiedene Kategorien wie möglich in den Atlas aufzunehmen, anstatt alle Galaxien zu finden, die ein bestimmtes ungewöhnliches Merkmal hatten.

Viele der Galaxien in Arps Atlas sind irreguläre Galaxien, also solche ohne erkennbare reguläre Struktur oder Symmetrie. Bei viele anderen handelt es sich aber um eindeutig erkennbare ehemalige (oder zukünftige) reguläre Galaxien, also Spiralgalaxien oder elliptische Galaxien, in denen aber gerade irgendwas Ungewöhnliches passiert. Was genau, war unklar: Die physikalischen Prozesse, die die verschiedenen seltsamen Strukturen verursachten, waren noch weitgehend unbekannt. Deshalb hat Arp auch gar nicht versucht, die Objekte nach physikalischen Prozessen zu sortieren. Die Kategorien basieren alleine auf dem Erscheinungsbild der Objekte. Die 338 seltsam aussehenden Galaxien in Arps Atlas sind daher auch in dementsprechend seltsam klingende Kategorien eingeteilt. Da gibt es unter anderem: einarmige Spiralgalaxien; Galaxien mit einem schweren Arm; elliptische Galaxien, die Spiralarme abstoßen; elliptische Galaxien nahe verstörter Spiralgalaxien; Galaxien mit ausströmendem Material; Galaxien mit Ringen; gestörte Galaxien; Galaxien, die gespalten erscheinen.

Ebenso auffällig ist, dass sehr viele der pekuliären Galaxien in Arps Atlas Galaxien mit nahen Begleitergalaxien sind. Eines der bekanntesten Beispiele dafür sind die Antennengalaxien: zwei ineinander verknäulte, aber mit gutem Willen noch als zwei ehemalige Spiralgalaxien erkennbare Strukturen, mit zwei langen gebogenen Armen, die an die Antennen von Rieseninsekten erinnern. Oder die Mäuse: zwei ovale Galaxienkörper mit jeweils einem langen Schwanz, die wie zwei Mäuse beim Spielen aussehen. Oder auch die berühmte Whirlpool Galaxie M51, eine zweiarmige Spiralgalaxie, deren oberer Arm an eine kleinere Nachbargalaxie angedockt zu sein scheint. Beim Betrachten dieser Objekte drängt sich uns sofort eine Vermutung auf: Offensichtlich stoßen diese Galaxien gerade zusammen, oder beeinflussen sich zumindest gegenseitig durch ihre Gravitation. Es sieht auf den ersten Blick auf jeden Fall so aus. Aber Vorsicht mit vorschnellen Schlüssen, nur weil es so aussieht, heißt es noch lange nicht, dass es so ist.

Das Gleiche dachte auch Arp und es nervte ihn, dass die meisten anderen Astronom:innen sich zu solchen Schlussfolgerungen hinreißen ließen. Arp glaubte nicht, dass der Prozess der Interaktion zwischen Galaxien eine plausible Erklärung für die meisten seiner seltsamen Galaxien war. Für manche vielleicht, aber sicher nicht für die meisten. Er hatte eine andere Hypothese: Er glaubte, dass die verschiedenen Galaxienformen hauptsächlich durch herausgeschleudertes Material (*ejected material*) zustandekamen. Für ihn waren die langgestreckten Arme und asymmetrischen Strukturen oder die Ringe, die wir in vielen Galaxien sehen, ausgeworfenes Material aus der Galaxie selbst, aus *einer* Galaxie. Er wehrte sich vehement gegen die um sich greifende *»merger-mania«*, an der seiner Meinung nach seine allzu enthusiastischen Kollegen und Kolleginnen litten. Für ihn war die Annahme, dass Galaxien zusammenstoßen und während der Kollision durch die Gezeitenkräfte diese seltsamen Formen erzeugten, eine oberflächliche und unglaubwürdige Hypothese. In den späten 90ern schrieb er in seinem Buch *»Seeing Red«* über die Kategorie der Galaxienpaare in seinem Katalog, die – wie M51 – aus einer großen Spiralgalaxie mit einer kleineren Galaxie genau am Ende eines Spiralarms bestehen: »Wie waren die kleinen Galaxien dort hingekommen? Wohl kaum durch zufällige Kollisionen oder den Beginn eines Verschmelzungsprozesses, der heutzutage alles in der Welt der Galaxien erklären soll.»*

Ist es nicht extrem unwahrscheinlich, dass sich zwei gigantische Galaxien in den endlosen Weiten des Weltraums begegneten? Und dass dann zusätzlich die eine genau am Ende des Spiralarms der anderen landet, fast so, als würden sie sich die Hände reichen? Was genau passiert, wenn sich zwei Galaxien begegnen?

Wenn Galaxien Tango tanzen

Eine Galaxie besteht aus Milliarden von Sternen, die alle miteinander durch ihre gegenseitige Anziehungskraft wechselwirken. Hunderte Lichtjahre große Wolken aus Gas und Staub reiben

* Halton Arp, *Seeing Red: Redshift, Cosmology and Academic Science*, Aperion, Montreal (August 1998), pp. 14, 61–62, 72, 104–105 ISBN 0-9683689-0-5 (Eigene Übersetzung).

sich bei so einer Begegnung aneinander und beeinflussen die Bewegung der Sterne zusätzlich. Um wirklich zu verstehen, was dabei vor sich geht, müssen wir so eine Begegnung *nachstellen*. Heute ist uns klar, wie wir dieses Problem angehen: mit Computersimulationen, in denen wir die Kräfte, die zwischen den einzelnen Sternen wirken, näherungsweise ausrechnen und das in kleinen Zeitschrittchen sehr oft hintereinander wiederholen, um eine Art Film des Vorgangs zu erstellen. In den 1960ern war es aber mit Computersimulationen noch nicht so weit her. Davon unbeeindruckt haben sich Leute aber schon damals an Simulationen versucht, und das mit faszinierenden Mitteln.

Im Jahr 1941 veröffentlichte der schwedische Astronom Erik Holmberg seinen Artikel *On the Clustering Tendencies among the nebulae* (Warum die Nebel dazu tendieren, sich umeinander zu scharen). Er wollte wissen, ob sich Galaxien gegenseitig »einfangen« können, also ob bei nahen Begegnungen von zwei Galaxien genug Energie verbraucht wird, damit die Galaxien danach aneinander gebunden sind und ein Paar bilden. Wenn dem so ist, können so ja auch weitere Galaxien eingefangen werden und Gruppen und sogar Haufen bilden. Doch wie simuliere ich die Kräfte zwischen den Sternen einer Galaxie ohne Computer? Die Rechnungen händisch durchzuführen wäre viel zu viel Arbeit, wie er auch in dem Artikel selber deutlich sagt. Holmberg hatte dafür eine absolut geniale Idee: Er baute sich zwei leuchtende Galaxien aus Glühbirnen. Jede Galaxie war 80 cm groß und bestand aus 37 Glühbirnen in konzentrischen Kreisen angeordnet. Aber Moment mal, wie soll das funktionieren? Es geht ja bei Interaktionen zwischen Galaxien nicht um deren Licht, sondern um ihre Anziehungskraft, es geht um die Gravitation, die die Bewegung der Sterne und so das Ergebnis des Zusammenstoßes bestimmt. Die Genialität der Idee war die Erkenntnis, dass die

Lichtstärke einer Glühbirne genauso mit dem Quadrat ihrer Entfernung abfällt, wie die Stärke der Gravitationskraft es tut. Statt die Anziehungskräfte zwischen Sternen auszurechnen, maß Holmberg einfach die Lichtstärke der Glühbirnen und rekonstruierte daraus die Kräfte, die auf die Glühbirnensterne wirken. So konnte er ohne großen Rechenaufwand die Bewegung der Galaxien simulieren. Er fand, dass sich Galaxien bei einer nahen Begegnung nicht nur gegenseitig einfangen und aneinander binden können, sondern dass dabei auch Spiralarme entstehen. Die großen Strukturen wie Galaxiengruppen und Haufen bilden sich aber eigentlich genau andersrum, wie wir später noch sehen werden.

Holmbergs Ergebnisse wurden erst 20 Jahre später durch die ersten richtigen Computersimulationen auf dem *Siemens-Digitalrechner 2002* der Universität Tübingen von den beiden Astroomen mit den schönen Namen Pfleiderer und Siedentopf bestätigt. 1961 präsentierten sie in ihrem Artikel mit dem Titel *Spiralstrukturen durch Gezeiteneffekte bei der Begegnung zweier Galaxien* genau das, was der Titel verspricht: Sie zeigten, wie sich in einer Galaxie nach der Begegnung mit einer anderen zwei Spiralarme bilden. Den beiden ging es also um die Entstehung der regulären Spiralstruktur, und nicht so sehr um die außergewöhnlichen, wilden Strukturen der irregulären Galaxien. Die ersten, die sich der Entstehung der seltsamen Galaxien sehr umfangreich auf theoretische und gleichzeitig auch sehr angewandte Weise näherten, waren Alar und Juri Toomre, zwei Brüder und Astronomen, mit ihrem Artikel *Galactic Bridges & Tails* im Jahr 1972. Die Toomre Brüder erstellten die ersten Modelle vom Zusammenstoß zweier Galaxien, die auch erstaunlich genau die beobachteten irregulären Strukturen reproduzierten.

Die beiden gingen ihre Simulationen sehr systematisch an und ließen dabei Galaxien verschiedener Größe aus verschiedenen

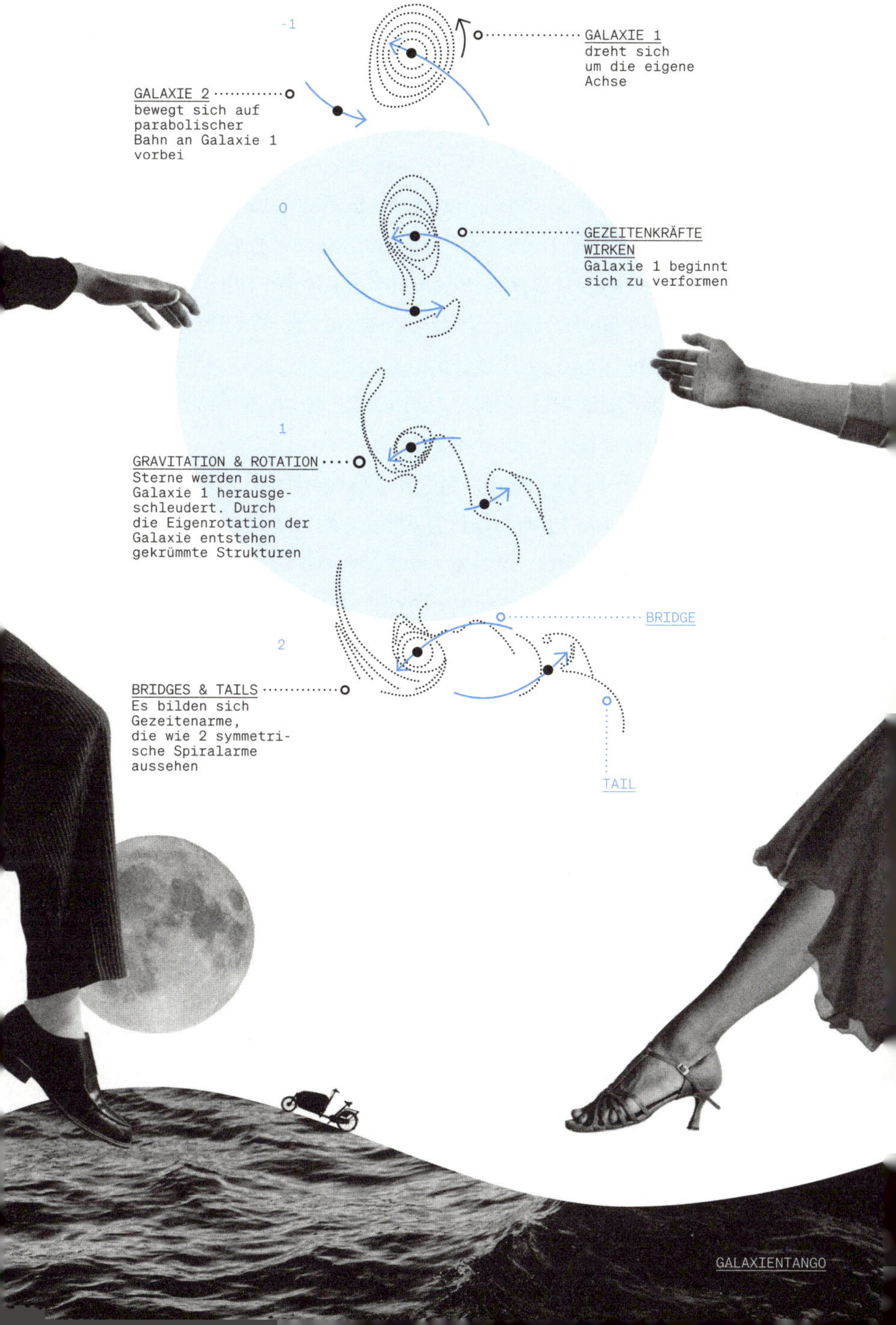

-1
GALAXIE 1
dreht sich
um die eigene
Achse
GALAXIE 2
bewegt sich auf
parabolischer
Bahn an Galaxie 1
vorbei
0
GEZEITENKRÄFTE
WIRKEN
Galaxie 1 beginnt
sich zu verformen
1
GRAVITATION & ROTATION
Sterne werden aus
Galaxie 1 herausge-
schleudert. Durch
die Eigenrotation der
Galaxie entstehen
gekrümmte Strukturen
2
BRIDGE
BRIDGES & TAILS
Es bilden sich
Gezeitenarme,
die wie 2 symmetri-
sche Spiralarme
aussehen
TAIL

Richtungen aufeinander zufliegen. Eine Galaxie bestand dabei aus 120 einzelnen Elementen, die auf 5 konzentrischen Ringen angeordnet waren und sich drehten. Wir stellen uns die Situation wie zwei Tänzer vor, die aus gegenüberliegenden Ecken der Tanzfläche aufeinander zukommen. Die beiden drehen sich um ihre eigene Achse und bewegen sich auch auf einer bestimmten Bahn aufeinander zu. Wenn sie jetzt versuchen, einander die Hände zu reichen, wird ihnen das besser gelingen, wenn sie sich zueinander hin drehen als voneinander weg. Ähnlich ist es bei den Galaxien – bestimmte Drehrichtungen oder Geschwindigkeiten erzeugen größere Effekte als andere. Und bei bestimmten Anfangsbedingungen erzeugten die Simulationen der Toomres tatsächlich die Merkmale, die in Arps *peculiar Galaxies* zu sehen waren. Sie sahen auch Spiralarme, identifizierten sie aber gleich als *tidal arms*: Gezeitenarme und Gegenarme, also diese besondere Form von Spiralarmen, die durch die Unterschiede in den Gravitationskräften erzeugt werden. Ähnlich wie die Gezeitenkraft des Mondes zwei symmetrische, sich gegenüberliegende Wasserberge auf der Erde erzeugt, so entsteht bei der Begegnung zweier Galaxien unter bestimmten Voraussetzungen diese symmetrische, zweiarmige Spiralstruktur. Das passiert vor allem bei der Begegnung zwischen einer größeren und einer kleineren Galaxie, und wenn die Bewegungsrichtung der kleineren vorbeifliegenden Galaxie mit der Drehrichtung der größeren übereinstimmt. Die Tänzer können sich die Hände reichen und ihre gegenseitige Bewegung beeinflussen.

Die Toomres entdeckten, dass die Begegnung von zwei Galaxien mit einem Massenverhältnis von etwa 1:4 nach dem Vorbeiflug der kleineren Galaxie ziemlich genau so aussieht wie das berühmte Galaxienpaar M51: Die große Galaxie bekommt zwei wunderschöne, symmetrische Spiralarme, wobei der eine Arm genau bei der kleineren Galaxie endet. Die Position der kleinen Galaxie »genau am Ende eines Arms«, wie Arp es nannte, ist also kein zufälliges Überlappen. Diese Konstellation wird eben genau durch die Interaktion zwischen den beiden Galaxien verursacht. Den Gezeitenarm, der die beiden Galaxien miteinander verbindet, nennt man auch *bridge*, Brücke, während der Gegenarm auf der anderen Seite *tail*, also Schwanz, genannt wird.

Und was passiert bei einem Zusammenstoß von zwei etwa gleich großen Galaxien? Dabei bilden sich zwei lange, schmale, leicht gekrümmte Gezeitenarme, die unter dem richtigen Blickwinkel wie die Antennen eines Insekts aussehen. Sie hatten die riesigen Antennengalaxien reproduziert. Die Toomres waren selbst überrascht, dass trotz der gewaltigen Kräfte, die bei so einer Kollision am Werk sind, sehr schmale, lange und genau abgegrenzte Strukturen entstanden. Mit ihrer Erklärung der Antennengalaxien waren sie besonders zufrieden. Durch eine Drehung der Ebene des Zusammenstoßes ließ sich aber gleich auch noch ein anderes Galaxienpaar gut wiedergeben. Die langen gebogenen Arme waren genau von der Seite betrachtet extrem schmal und erschienen, da sie genau in der Ebene des Zusammenstoßes lagen, schnurgerade, wie ein Mäuseschwanz. Das Galaxienpaar der Mäuse war somit ein sehr ähnlicher Zusammenstoß wie die Antennen, nur dass wir ihn aus einem anderen Blickwinkel sehen.

Die Sache ist also die: Bei einer ungleichen Kollision, einem *minor merger*, erzeugen die Gezeitenkräfte zwischen den beiden Galaxien die *bridges* und *tails*, die oft wie gewöhnliche Spiralarme aussehen können. Bei einer Kollision von zwei annähernd gleich großen Galaxien, einem *major merger*, entstehen ausladende, lang gestreckte Gezeitenarme, die aus verschiedenen Blickwinkeln unterschiedlich aussehen können, manchmal auch wie Spiralarme, oder eben wie Antennen oder Mäuseschwänze. Was Arp also für gespaltene Galaxien hielt, sind in Wirklichkeit Galaxien, die einander begegnen.

Und was wird dann in weiterer Folge aus dem Galaxiencrash? Die Gezeitenarme sind ja relativ kurzlebige Strukturen, es sind Sterne, die durch die heftigen Gezeitenkräfte aus den Galaxien herausgeschleudert werden und also in rasanter Bewegung durch den Weltraum rauschen. Die beiden Galaxien selber verlieren meist schon bei der ersten Begegnung so viel Energie, dass sie aneinander gebunden sind und sich schnell immer näherkommen. Ihre Sternenscheiben werden dabei auseinandergerissen und durch die Gegend geschleudert. Das Gas in den Scheiben wird durch den Zusammenstoß stark komprimiert und es bilden sich Millionen von neuen Sternen, die bald genauso wild durch die Gegend geschleudert werden. Die Bahnen der Sterne werden chaotischer, es gibt keine geordnete Bewegung mehr. Die Masse der beiden Galaxien ist vereint und konzentriert sich im Zentrum der neuen riesigen Galaxie. Das kalte Gas ist entweder in neue Sterne umgesetzt oder wurde bei der Kollision stark aufgeheizt und um die Galaxie herum verteilt. Aus den beiden ehemaligen Spiralgalaxien ist eine riesige elliptische Galaxie geworden. Und es war auch Alar Toomre, der einige Jahre nach seinen ersten Simulationen die Hypothese aufstellte, dass aus dem Zusammenstoß zweier (oder mehrerer) Spiralgalaxien eine elliptische Galaxie entsteht. Da die echten Galaxienkollisionen ja leider ein paar Milliarden Jahre dauern, können wir sie nicht in Echtzeit beobachten. Darum illustrierte er den Entwicklungspfad mit Beispielen echter, beobachteter Galaxienkollisionen, die sich seiner Ansicht nach in unterschiedlich weit fortgeschrittenen Stadien der Verschmelzung befanden. Er begann mit einem engen Paar aus noch beinahe ungestört erscheinenden Spiralgalaxien. Die nächste Stufe war dann ein Galaxienpaar, dass sich gerade zum ersten Mal begegnet war, wie die Mäuse, dann kamen die schon weiter fortgeschrittenen Antennen, und schließlich ein paar wild durchgewirbelte Sternenbündel mit allerhand Schlingen und losen Enden, wie ein sehr schlecht aufgewickeltes Wollknäuel, aber eben aus Sternen. Am Ende der Sequenz stand dann eine schon beinahe fertige elliptische Galaxie, ein beinahe kugelförmiger Galaxienkörper, der vielleicht noch die eine oder andere kleine Unregelmäßigkeit hatte. Er hatte damit also mit den verschiedenen Beispielen eine prototypische Galaxienkollision über ein paar Milliarden Jahre hinweg nachgestellt. Das war Ende der 70er Jahre natürlich eine kontroverse Idee und blieb es auch für einige Zeit. Heute aber wissen wir, dass er im Großen und Ganzen recht hatte.

Und wie häufig sind diese Kollisionen? Alar Toomre hatte auch darauf eine Antwort. Er bestimmte die Häufigkeit von Galaxienkollisionen aus den beobachteten nahen Galaxienpaaren und pekuliären Galaxien, bei denen wir Gezeitenarme sehen können. Dann zeigte er, dass die Häufigkeit von Kollisionen, die wir im lokalen Universum beobachten, gut mit der Anzahl an elliptischen Galaxien, die wir sehen, zusammenpasst. Toomre rechnete grob aus, dass, wenn alle Galaxien im frühen Universum als Spiralgalaxien anfangen und über das gesamte Alter des Universums bis heute in der entsprechenden Häufigkeit miteinander verschmelzen, in etwa so viele elliptische Galaxien zu erwarten wären, wie wir sie auch tatsächlich im lokalen Universum beobachten.

Seine grobe Abschätzung wurde in den darauffolgenden Jahrzehnten zwar verfeinert, aber größtenteils bestätigt. Heute sind wir uns sicher, dass diese großen Zusammenstöße bei Weitem keine Seltenheit sind und dass eine typische ausgewachsene Galaxie mindestens einen, aber wahrscheinlich sogar mehrere dieser großen Zusammenstöße hinter sich hat.

Wir selbst sind ja auch auf dem Weg zu genau so einem *major merger*, beziehungsweise ist er – oder sie – auf dem Weg zu uns. Die Andromedagalaxie kommt jede Sekunde etwa 120 km näher an uns heran. In etwa 2–3 Milliarden Jahren werden sich die beiden zum ersten Mal begegnen. Die Andromeda wird sich dann schon über den halben Himmel erstrecken, und das Band der Milchstraße wird anfangen, sich zu verbiegen. Nach der ersten Begegnung der beiden Galaxien sind ihre ehemaligen Sternenscheiben über den ganzen Himmel verteilt. In den zusammengepressten Gaswolken bilden sich tausende bläulich glitzernde neue Sterne, die die Wolkenreste zu einem rosafarbenen Leuchten anregen und so den Nachthimmel in eine Farbkomposition aus blau und rosa verwandeln. Die Sterne am Himmel werden sich neu arrangieren und schließlich, etwa 5 Milliarden Jahre nach der ersten Begegnung, hat sich dort, wo das Zentrum der neu entstandenen Riesengalaxie sein wird, eine kugelförmige gelblich leuchtende Sternkonzentration gebildet.

Was passiert dabei mit uns, was passiert mit der Sonne? Eigentlich gar nicht viel, außer dass sie selber im Laufe dieser Kollision zum Roten Riesen wird und langsam explodiert. Aber mit einem anderen Stern zusammenstoßen werden wir nicht. Die Abstände zwischen den Sternen sind so gigantisch groß, dass es extrem unwahrscheinlich ist, dass bei einer Galaxienkollision auch tatsächlich zwei Sterne zusammenstoßen. Wenn die Menschheit zu dem Zeitpunkt also noch existiert, könnten Millionen und Abermillionen von Generationen unserer Nachfahren, von einem neuen Planeten aus, sei er besiedelt oder selbstgebaut, dieses Schauspiel direkt vor ihren Augen am Himmel beobachten.

Es ergibt sich also das folgende grobe Bild der Galaxienentstehung: Es entwickeln sich zuerst die Spiralgalaxien, die dann früher oder später miteinander zusammenstoßen, weil die Abstände zwischen den Galaxien im Vergleich zu ihrem Durchmesser relativ klein sind. Bei diesen Zusammenstößen bilden sich dann die elliptischen Galaxien.

Heißt das, die Spiralgalaxien selbst sind die ursprünglichen Galaxien, die von Anfang an da waren? Sind sie die, die als Erste von selber entstanden sind und sich seither unbehelligt vom Rest des Universums vor sich hin drehen und hin und wieder ein paar neue Sterne bilden? Und wie könnte die Entstehung so einer ursprünglichen, einer *primordialen* Galaxie aussehen?

Diese Art der Galaxienentstehung wird primordialer Kollaps genannt. Die Theorie des primordialen Kollapses besagt, dass eine Urwolke, eine gigantische Ansammlung aus Wasserstoffgas mit ein bisschen Helium drin, zu einer großen Galaxie in sich selbst unter ihrer eigenen Schwerkraft zusammenstürzt. Die Idee wird oft auch monolithischer Kollaps genannt, weil *eine* Galaxie aus *einer* großen Wolke entstanden sein soll. Rein theoretisch ist das durchaus möglich. Die Wolke beginnt bei ihrem In-Sich-Zusammenfallen dabei, von außen nach innen Sterne zu bilden. Am Anfang, wenn die Wolke noch annähernd sphärisch ist, bilden sich die Sterne überall im Halo, dem kugelförmigen Bereich um die (zukünftige) Sternenscheibe. Die Sterne entstehen dabei nicht allein, sondern in großen kugelrunden Gruppen, den sogenannten Kugelsternhaufen, die ja heute noch in den Halos der Galaxien zu finden und definitiv die ältesten Sterne der Galaxie sind. So weit, so gut. Die Wolke fällt nun immer mehr in sich zusammen, und wie wir schon vom alten Physikprofessor wissen: Etwas, das sich zusammenzieht, beginnt sich schneller zu drehen. Die Wolke dreht sich schneller und schneller und wird flacher und flacher, bis sie zu einer Scheibe wird. Dort entstehen dann auch die meisten Sterne der Galaxie, und es bildet sich ein Gleichgewicht zwischen der Drehung der Sterne und ihrer gegenseitigen Anziehungskraft. Eine Spiralgalaxie ist entstanden.

Das setzt natürlich voraus, dass sich die Urwolke schon gedreht hat, wenn auch sehr langsam. Eine Urwolke, die nicht rotiert, könnte im Modell sogar direkt zu einer elliptischen Galaxie werden. Allerdings ist es eher schwierig, sich in einem jungen und rasant expandierenden Universum eine große Menge an stillstehenden Urwolken vorzustellen. Sind Spiralgalaxien also durch den Kollaps einer gigantischen Gaswolke entstanden?

Höchstwahrscheinlich nicht. Ein großes Problem an diesem Modell ist das tatsächliche Alter der Sterne in Galaxien. In der Milchstraße zum Beispiel sind die ältesten Sterne in der Scheibe fast genauso alt wie die ältesten Sterne in den Kugelhaufen im Halo. Die Scheibe müsste sich also auch schon sehr früh und damit sehr schnell gebildet haben. Die Galaxie hätte für ihren gesamten Kollaps nur etwa 100 Millionen Jahre Zeit gehabt, was jetzt vielleicht lang klingt, aber für eine Galaxie nur ein Augenzwinkern ist. Wenn wir das Alter des Universums auf ein 80-jähriges Menschenleben umlegen, würde das heißen, dass eine Galaxie schon nach etwa 6 Monaten erwachsen wäre.

Das monolithische Modell erklärt auch nicht die Unterschiede zwischen den Spiralgalaxien. Die Spiralgalaxien sind ja als Galaxienklasse nicht sehr uniform. Sie sind zwar alle mehr oder weniger flach und rund, aber es gibt große Unterschiede zwischen der Struktur ihrer Spiralarme oder zum Beispiel der Größe ihres Zentralbereichs. Ein anderes Problem ist die Bildung von großen Strukturen. Es würde viel zu lange dauern, bis sich aus den einzeln entstandenen Urgalaxien die beobachtete Verteilung der Galaxien in Gruppen und Haufen entwickelt hätte. Und woher kämen die Voids, die riesigen scheinbar leeren Gegenden des Universums, die sich wie die Löcher in einem Laib Emmentaler zwischen den großen Galaxienstrukturen breit machen?

Die Idee, dass sich eine große Galaxie aus einer noch größeren Gaswolke bildet erscheint also eher unwahrscheinlich. Dennoch scheint es sie aber tatsächlich zu geben: Galaxien, die sich alleine gebildet haben und seitdem unbehelligt vor sich hin leben. Es ist eine Art von Spiralgalaxie, die sich *flocculent spirals* nennt: flockige Spiralgalaxien. Dabei handelt es sich meist um isolierte Galaxien, also einzelne Galaxien ohne sichtbare Begleitergalaxien, um die weit und breit keine anderen großen Galaxien in Sicht sind. Es scheint also, dass diese Galaxien zwar vielleicht nicht schon immer, zumindest aber schon sehr lange ungestört waren. Was zeichnet sie aus? Sie haben keine deutlich definierten Spiralarme, wie zum Beispiel die Milchstraße, sondern eine Art chaotischer Spiralstruktur, die sich in unzählige feine Ärmchen zu unterteilen scheint. Sie sehen oft sehr hübsch und fast blumenartig aus. Meistens haben diese flockigen Galaxien auch keinen bedeutenden Zentralbereich, sie können pure Scheiben sein. Etwa ein Viertel aller Spiralgalaxien sind *flocculent*. Bei genaueren Untersuchungen aber wurden bei vielen davon auch wieder ungewöhnliche Strukturen und Asymmetrien gefunden, die auf eine doch nicht ganz so unbewegte Vergangenheit schließen lassen.

Das Top-down-Modell der Galaxienentstehung, also die Annahme, dass eine ganze Galaxie und all ihre kleinen Strukturen aus einer einzigen großen Urwolke entstanden ist, passt also einfach nicht so recht zu dem Universum, das wir beobachten. Was würde eher passen? Anscheinend das genaue Gegenteil davon. Die Strukturen des Universums bilden sich *bottom-up*, also von unten nach oben. Große Galaxien bilden sich durch die Verschmelzung von vielen, vielen kleineren.

Wie kommen wir auf die Idee? Erste theoretische Arbeiten in die Richtung gab es schon in den 1980er Jahren, aber der Durchbruch der Theorie des hierarchischen Universums kam mit den großen Computersimulationen Anfang des 21. Jahrhunderts. Eine der ersten und umfangreichsten war die Millennium Simulation, die 2005 von einem Konsortium an Wissenschaftlerinnen und Wissenschaftlern aus 6 verschiedenen Ländern durchgeführt wurde. Dabei wurde insgesamt die Bewegung von Materie mit der Masse von 10 Trillionen Sonnen in einem Würfel von 2 Milliarden Lichtjahren Kantenlänge simuliert. Das ist schon ein beträchtlicher Ausschnitt des gesamten Universums. Die Simulation beginnt etwa 400 000 Jahre nach dem Urknall. Das ist in etwa der Zeitpunkt, ab dem das Universum so weit abgekühlt war, dass sich Licht frei durch das Universum bewegen konnte (dazu später noch mehr). Von da an verfolgten wir die Verteilung der Materie in 11 000 einzelnen Zeitschritten bis in die Gegenwart. Die Rechenzeit dieser Simulation hat 28 Tage auf 512 Prozessoren in Anspruch genommen.

Und wie sieht das Ergebnis aus? Im Internet gibt es wunderbare Videos der Simulation, in denen man zuschauen kann, wie sich die Strukturen unseres Universums praktisch aus dem Nichts von selber bilden. Die minimalen Dichteschwankungen, die vom Urknall übrig geblieben sind, verstärken sich mit der Zeit so, dass aus den kleinen Klümpchen, den Mini-Galaxien, immer größere Strukturen entstehen. Diese langgezogenen filamentartigen Strukturen, die fast wie Spinnweben aussehen, ähneln tatsächlich sehr den großen Strukturen die wir im Universum beobachten. Wir haben es hier also zum ersten Mal mit einem funktionierenden Modell des ganzen Universums zu tun – zumindest für alle Dinge, die schwerer als eine Milliarde Sonnenmassen sind. Wir können in den Videos aber auch einzelnen Galaxien beim Entstehen zusehen. Wir können verfolgen, wie die kleinen Klümpchen wild durch die Gegend sausen und sich miteinander verquirlen und zu einer größeren und immer größeren Galaxie werden. Die Galaxien sind am Ende der Simulation aber nicht etwa »fertig«. Der Prozess läuft natürlich in der Gegenwart immer noch.

Was man vielleicht noch dazusagen muss, ist, dass hier nur die Dunkle Materie simuliert wurde. Wir berücksichtigen bei unserem Modell des Universums also nur die Auswirkungen der Gravitation. Warum? Dunkle Materie UND normale Materie gleichzeitig zu simulieren, wäre einfach viel zu komplex. Normale Materie wird von vielen verschiedenen Prozessen beeinflusst (also nicht nur von der Gravitation), die sich hauptsächlich auf kleineren Skalen bemerkbar machen. Die großräumige Entwicklung des Universums scheint aber grundsätzlich von der Gravitation bestimmt zu werden, weshalb die Vereinfachung auf großen Skalen gut funktioniert. Das Problem ist aber, wie wir die Ergebnisse der Simulation mit unseren Beobachtungen vergleichen wollen. Dunkle Materie kann man nicht beobachten. Sehen können wir nur die normale Materie, die von den großen

Strukturen aus Dunkler Materie quasi mitgeschleift wird. Die Dunkle-Materie-Strukturen – die sogenannten Dunkle-Materie-Halos – werden in den Simulationen also nachträglich mit normaler Materie »gefüllt«, und andere Prozesse werden dann auf kleineren Skalen separat simuliert. Das Erstaunliche dabei ist, dass die Ergebnisse dennoch sehr gut zu den Beobachtungen passen.

Galaxien entwickeln sich also von unten nach oben. Zuerst bilden sich die kleinsten Strukturen, die sich danach zu immer größeren und größeren Gebilden zusammenschließen. Kleine Strukturen entstehen direkt aus den Dichtefluktuationen im frühen Universum in der Größenordnung von ein paar hunderttausend Sternen. Diese *building blocks,* also Galaxienbausteine, verschmelzen dann miteinander zu immer größeren Sternansammlungen, bis sie die Größe von Galaxien erreicht haben. Das Universum gleicht einem Lego-Bausatz.

Die frühen Galaxien sind ab einer gewissen Größe meist auch schon scheibenförmig, aber der Bulge, die Zentralkugel, wächst langsam durch Zusammenstöße mit anderen noch kleineren Galaxien. Während eine Galaxie wächst, bilden sich auch die großen Strukturen um die Galaxien herum. Neue Mini-Galaxien kommen aus den äußeren Regionen, wo wenig los ist, in die Nähe der nun schon mittelgroßen Galaxie und werden von ihr verschluckt. Da dieses neu gefundene Fressen meist von oben oder unten auf die Spiralgalaxie zukommt, gelangt es leicht ins Zentrum der Galaxie und der Bulge wächst. So entwickeln sich vermutlich Spiralgalaxien von späten Typen zu früheren Typen mit einem größeren Bulge. Und genau das ist ziemlich sicher auch in unserer Galaxie passiert.

Können das *bottom-up* Modell und die Simulationen der Galaxienentstehung unser Universum auch auf kleineren Skalen gut erklären? Auf großen Skalen passt es ja ziemlich gut, aber was ist mit dem anderen Ende der Skala? Wenn große Galaxien aus kleinen entstehen, sollten wir das auch irgendwie beobachten können. Es ist ja in den Simulationen so, dass auch immer viele von den kleineren Bausteinen um die größeren Strukturen überbleiben. Sollten wir nicht sehen können, wie die kleinen Zwerggalaxien weiterhin mit der Milchstraße zusammenstoßen? Zwei dieser Zwerggalaxien in der Nähe der Milchstraße kennen wir schon lange: die große und die kleine Magellansche Wolke. Eine Handvoll anderer wurden im Laufe des 20. Jahrhunderts entdeckt, wie zum Beispiel die Fornax- und die Sculptor-Zwerggalaxie, aber wo sind die anderen? Obwohl unsere Simulationen die großen Strukturen sehr gut erklären können, schwächeln sie etwas bei den kleineren: Sie passen einfach nicht zu den Beobachtungen von Zwerggalaxien um größere Galaxien herum. Es gibt nicht genug von den Zwergen, oder andersrum gesagt: es gibt in den Simulationen zu viele dieser kleinen Bausteine, die um die größeren Galaxien herum übrig bleiben. Mittlerweile wissen wir zwar, dass die Milchstraße ein paar Dutzend kleinerer Satellitengalaxien hat, die wie ein Schwarm um sie herumfliegen. Den Simulationen nach sollten es aber mehrere hundert, vielleicht sogar tausend sein. Diese Diskrepanz wird auch das *missing satellite problem* genannt. Seit die Millennium-Simulation 2005 veröffentlicht wurde, fragen wir uns: Wo sind denn all die Zwerggalaxien?

Vielleicht hat sich die Milchstraße schon viel mehr dieser Zwerggalaxien einverleibt? Können wir nicht zumindest irgendwelche Überbleibsel dieser vergangenen Kollisionen sehen? Bei großen Galaxien entstehen ja durch die unterschiedlich starken Anziehungskräfte, die auf die verschiedenen Teile der Galaxien wirken, die Gezeitenarme. Große Mengen an Sternen werden dabei aus den Galaxien herausgezerrt und durch den Weltraum geschleudert. Sollte das bei kleineren Galaxien nicht auch passieren? Ja natürlich. Was passieren würde, wäre Folgendes: die Zwerggalaxie bewegt sich auf einer elliptischen Bahn um die Milchstraße herum. Wenn sie sich der Milchstraße annähert, beginnen die Anziehungskräfte stärker zu werden und Sterne werden zuerst auf einer Seite und dann auch auf der gegenüberliegenden langsam aus der kleinen Galaxie herausgezogen. Die Galaxie selber bewegt sich dann auf ihrem Orbit schnell weiter, dreht also quasi um, und die Sterne in den Gezeitenarmen bleiben entlang der Bahn der Galaxie zurück. Sie werden also im Endeffekt hinter der Zwerggalaxie hergezogen. So entwickelt sich ein Strom an Sternen, der sich um die Milchstraße herumzieht. Und das sollten wir auch um uns herum am Himmel beobachten können. Einziges Problem dabei: Die Menge an herausgerissenen Sternen ist natürlich viel kleiner als bei den großen Gezeitenarmen, zum Beispiel den Antennengalaxien, ganz einfach, weil eine Zwerggalaxie aus viel weniger Sternen besteht. Und weniger Sterne heißt auch, dass sie viel schwerer zu beobachten sind. Noch dazu sind die Überreste der zerrissenen Zwerggalaxien relativ nah an uns dran und damit scheinbar über eine größere Fläche am Himmel verteilt. Das macht sie *noch* schwerer zu beobachten.

Wir haben sie aber trotzdem aufgespürt. Im Jahr 1994 wurde der erste Sternstrom und seine dazugehörige, halb zerlegte Zwerggalaxie gefunden: die Sagittarius Zwerggalaxie. Zuerst war die Existenz des Stroms eher eine Vermutung, aber Anfang der 2000er Jahre wurde der Sternstrom dann mit Infrarotbeobachtungen bestätigt. Die kleine Galaxie ist praktisch schon Teil der Milchstraße und nur etwa 65 000 Lichtjahre von uns entfernt. Die Magellanschen Wolken sind etwa dreimal so weit weg. Der Sagittarius-Zwerg hat die Milchstraße wahrscheinlich auch schon zehnmal umrundet. Bei den letzten paar Orbits hat er höchstwahrscheinlich auch die Scheibe der Milchstraße durchquert. Dabei haben sich in der Sternenscheibe der Milchstraße wellenförmige Verdichtungen gebildet, ganz ähnlich den Wellen, die entstehen, wenn ein Stein ins Wasser fällt. Diese Verdichtungen sind sogar in der Umgebung der Sonne beobachtbar. Die Wellen der Sagittarius Zwerggalaxie sind also unbemerkt über uns hinweggeschwappt.

Aber ist die Sagittarius Zwerggalaxie und ihr Sternstrom ein Einzelfall? Ganz und gar nicht. Es wurden in den folgenden Jahren immer mehr Sternströme gefunden, bis 2015 waren knapp 20 davon bekannt. Und dann kam Gaia. Wir kennen ihn schon, den Satelliten, der knapp zwei Milliarden Sterne in der Milchstraße beobachtet und ihre Bewegung genau verfolgt hat. In den letzten fünf Jahren konnten hauptsächlich dank Gaias Beobachtungen Dutzende neue Sternströme identifiziert werden, und es werden immer mehr.

Die Milchstraße hat im Laufe ihres Lebens wahrscheinlich schon Hunderte kleine Galaxien verschluckt. Den Galaxien war dabei aber kein schnelles Ende vergönnt. Wie ein wildes Tier hat die Milchstraße ihre Beute zerlegt und deren Einzelteile über den ganzen Himmel verstreut, bevor sie verschlungen wurde. Und was passiert mit den verspeisten Resten der Opfer? Sie gehen in der Milchstraße auf, werden Teil unserer Galaxie. Allerdings stellt sich heraus, dass die Mahlzeiten der Milchstraße oft schwer im Magen liegen und nur ganz langsam verdaut werden. Wie bei einer Riesenschlange, die eine ganze Maus verschluckt, bleibt die kannibalisierte Galaxie mitten in der Milchstraße noch über lange Zeit hinweg mehr oder weniger intakt. Das wissen wir, weil mit Gaias Beobachtungen genau so eine Galaxie im Bauch der Milchstraße gefunden wurde, die sogenannte *Gaia-Sausage*, also die Gaia-Wurst. Ihr Name bezieht sich aber nicht auf die Tatsache, dass sie für die Milchstraße eine schmackhafte Mahlzeit war, sondern auf die Form der Orbits ihrer Sterne. Die ursprüngliche Zwerggalaxie ist anscheinend auf einer sehr stark elliptischen Bahn mit der Milchstraße kollidiert. Ihre ehemaligen Sterne haben ihre Bewegung auf diesen stark abgeflachten Bahnen beibehalten. Obwohl sie nun Teil der Milchstraße sind, können wir durch ihre Geschwindigkeit und deren Richtung erkennen, dass sie eigentlich von außen gekommen sein müssen. Aus dem Alter der Sterne und ihrer chemischen Zusammensetzung können wir auch sagen, dass der galaktische Crash sich schon vor mindestens 8 Milliarden Jahren abgespielt haben muss. Die kleine Galaxie ist also mit der noch jungen Milchstraße zusammengestoßen, die damals vermutlich auch noch um einiges kleiner war und hat dabei eine beträchtliche Menge an Sternen und Gas zur jungen Milchstraße hinzugefügt.

Es gibt auch »Sternströme« die gar nicht aus Sternen bestehen, sondern aus Gas. Die Milchstraße verfügt auch über so einen Gezeitenstrom, den sogenannten Magellanschen Strom. Er besteht aus kaltem Wasserstoffgas, das glücklicherweise Radiowellen ausstrahlt, die wir mit Radioteleskopen beobachten können. Dieser Gas-Strom ist für uns zwar leider unsichtbar, er erstreckt sich aber quer über den halben Himmel, hauptsächlich auf der Südhalbkugel, da, wo auch die Magellanschen Wolken sind, denen das Gas ursprünglich gehört hat.

Die Milchstraße hat durch ihre Gezeitenkraft einfach den Gasvorrat der beiden Zwerggalaxien angezapft und das Gas aus ihnen herausgezogen. Wenn so etwas mit einer etwas größeren Zwerggalaxie passiert, die genug frisches Gas mitbringt, kann es sogar sein, dass das schlafende Monster im Zentrum der Milchstraße, oder jeder anderen großen Galaxie, wieder zum Leben erwacht. Das herausgezogene Gas verliert seine Bewegungsenergie viel schneller als die Sterne und kann so viel leichter bis ins Zentrum der Galaxie gelangen. Dort trifft es auf das supermassereiche Schwarze Loch, bildet eine gigantische Akkretionsscheibe um das Schwarze Loch herum und lässt den Galaxienkern hell in Röntgen- und Radiowellen erstrahlen. Die Galaxie ist wieder aktiv geworden. Genauso können aus dem Gas aber auch viele neue Sterne entstehen. Je nachdem, wie genau die kleinere auf die große Galaxie trifft, passiert eher das eine oder das andere – oder meistens eine Kombination aus beiden. Wenn genug frisches Gas angeliefert wird, kann die ältere Galaxie dadurch deutlich verjüngt werden.

Aber auch die Anzahl von intakten Zwerggalaxien, die noch nicht von einer großen Galaxie verschlungen wurden, hat sich in den letzten Jahren vervielfacht. Das liegt sowohl an den immer besser werdenden Detektoren als auch einfach daran, dass wir gezielt nach ihnen suchen. Es wurden sogar eigene Teleskope und Detektoren konstruiert, nur, um den fehlenden Zwerggalaxien auf die Spur zu kommen. Ein sehr interessantes Beispiel dafür ist das *Dragonfly telescope*, dessen englischer Name viel dramatischer klingt als die deutsche Übersetzung Libellen-Fernrohr. Die *Dragonfly* wurde von einer Gruppe Astronom:innen rund um Roberto Abraham und Pieter van Dokkum selbst entworfen und gebaut und besteht aus einer Kombination aus 48 Teleobjektiven, die wie die Facettenaugen eines Insekts den Himmel beobachten. Ein modernes Teleskop braucht also nicht immer einen gigantischen Spiegel. Beim Aufspüren der Zwerggalaxien geht es hauptsächlich um einen guten Kontrast zum Himmelshintergrund. Diese Galaxien sind zwar klein, aber recht nah an uns dran. Sie sind lichtschwach und sehr diffus, das heißt, ihr schwaches Licht ist auf eine recht große Fläche verteilt. Um sie zu detektieren, brauchen wir nicht unbedingt eine starke Vergrößerung, sondern ein sehr sauberes Bild. Die Teleobjektive eignen sich dafür besonders gut, weil moderne Fotoobjektive eine spezielle Beschichtung gegen Reflexionen und generell eine sehr gute Bildqualität haben. Mit dem *Dragonfly* Teleskop wurde eine neue Klasse an Zwerggalaxien entdeckt, die *Ultra-Diffuse Galaxies*, oder UDGs: Galaxien, die zwar wenige Sterne haben, aber auch recht groß sind. Der Prototyp der UDGs ist eine Galaxie namens *Dragonfly 44*. Diese Galaxie ist fast halb so groß wie die Sternenscheibe der Milchstraße, hat aber nur etwa 100 Millionen Sterne, also etwa 1000 Mal weniger Sterne als die Milchstraße. Und *Dragonfly 44* ist kein Einzelfall – es wurden schon etwa 50 Galaxien ihrer Art gefunden. Die Sterne in den diffusen Galaxien sind so lose angeordnet, dass sie eigentlich schon längst hätten auseinanderdriften müssen. Was hält diese lockeren Sternansammlungen zusammen? Es muss Dunkle Materie sein, und zwar jede Menge davon. Diese lichtschwachen Galaxien bestehen vermutlich aus mehreren hundertmal mehr Dunkler Materie als sichtbarer. Darum werden sie auch Dunkle Galaxien genannt.

Damit kommen wir auch der Lösung des *missing satellite* Problems näher. Anscheinend haben Zwerggalaxien mehr Dunkle Materie. Auch große Galaxien bestehen zum Großteil aus Dunkler Materie, aber sie haben dabei eher etwa zehnmal mehr Dunkle Materie als sichtbare, nicht gleich ein paar Hundert Mal mehr. Andersrum gesehen: In kleinen Dunkle-Materie-Halos entstehen viel, viel weniger Sterne und damit viel, viel kleinere Galaxien, als zu erwarten wäre. Die kleinen Halos sind von viel, viel weniger Sternen bevölkert und darum auch viel schwerer zu sehen. Der Grund dafür ist noch nicht ganz geklärt, aber es hat vermutlich mit den auch im letzten Kapitel beschriebenen Feedback-Prozessen zu tun. Nachdem sich die erste Generation an riesigen Sternen gebildet hat, sind diese auch recht schnell wieder als Supernovae explodiert. Diese kumulierten Sternexplosionen dürften dabei den Großteil des Wasserstoffgases aus den kleinen Galaxien herausgeschleudert haben. Und ohne frisches Gas konnten sich dann auch nur mehr wenige neue Sterne bilden – die Galaxie ist dunkel geblieben.

Ein paar Probleme mit dem *bottom-up*-Modell der Galaxienentstehung gibt es zwar immer noch, aber im Großen und Ganzen passt es auch auf den verschiedenen Skalen erstaunlich gut zum Universum, das wir beobachten. Das heißt also zusammengefasst: Galaxien bilden sich aus anfänglichen minimalen Dichteschwankungen. Diese Dichteschwankungen amplifizieren sich dann durch ihre Eigengravitation, bis sich daraus kleine Strukturen bilden. Die kleinen Galaxienbausteine ziehen sich gegenseitig an, verschmelzen miteinander und bilden immer größere und größere Galaxien. Die größeren verschlingen immer weiter die kleineren, bis große Spiralgalaxien wie die Milchstraße oder Andromeda entstanden sind. Der Endpunkt der Entwicklung ist dann der Zusammenstoß von Spiralgalaxien, bei dem die großen elliptischen Galaxien entstehen. Bei der großen Kollision wird das frische Wasserstoffgas entweder in Sterne umgewandelt, aufgeheizt oder weggeschleudert, und die Galaxien können keine neuen Sterne mehr bilden. *The End.*

But if it's not happy, it's not the end. Und ganz happy sind wir mit dem Szenario noch nicht. Denn elliptische Galaxien sind fast immer älter als Spiralgalaxien, waren also anscheinend schon vorher da. Dabei sollte es doch genau umgekehrt sein. Wenn die elliptischen aus Kollisionen von Spiralgalaxien entstehen, sollten die elliptischen Galaxien doch erst später da sein. Wenn wir ins frühe Universum hinausschauen, viele Milliarden Jahre zurückblicken, sehen wir dort aber auch schon elliptische Galaxien, und ihre Sterne waren damals schon alt. Wie kann das sein? Spoiler: Es hängt damit zusammen, *wo* elliptische Galaxien leben. Spiralgalaxien finden wir fast überall, aber die elliptischen sind fast nur dort zu finden, wo viele andere Galaxien sind.

Wie das Leben einer Galaxie aussieht, hängt also sehr davon ab, wo sie lebt. Ganz unterschiedliche Dinge passieren in den verschiedenen Gegenden des Universums. Und sie passieren unterschiedlich schnell und zu unterschiedlichen Zeitpunkten. Man könnte glauben, eine Galaxienkollision oder der galaktische Kannibalismus unserer Milchstraße wären brutal, aber den Galaxien passieren noch ganz andere gemeine Dinge. Und die passieren komischerweise hauptsächlich dort, wo es auch viele elliptische Galaxien gibt. Schauen wir uns mal an, wie es dort zugeht, wo die elliptischen Galaxien leben.

Wo die wilden Galaxien wohnen

Dance Your PhD oder »Finde die Zwerggalaxien!«

Es ist Anfang Dezember und wir haben uns zum Punschtrinken bei Katrien eingefunden. Ich bin noch leicht benebelt von den Strapazen der letzten Wochen und Monate, ja eigentlich könnte man sagen, der letzten Jahre. So fühlt es sich zumindest an. Vor einer Woche habe ich meine Doktorarbeit verteidigt, mit Zähnen und Klauen. Na ja, ganz so dramatisch war es dann doch nicht, aber das Ganze ist schon ein Event. Eine Defensio – wie es im akademischen Fachjargon heißt – steht am Ende des Doktoratsstudiums und ist eine kommissionelle Prüfung und ein öffentlicher Vortrag in einem. Zuerst muss die Doktoratsanwärterin die eigene Arbeit der letzten 4 Jahre in 45 Minuten kondensiert präsentieren, und danach hat die Kommission eine Stunde lang Zeit, Fragen zu stellen. Und dann ist das Publikum dran. Genau, im Prinzip könnte meine Urgroßtante hinkommen und Fragen stellen, öffentlich, und vor dem ganzen Institut. Ich war so nervös, dass ich den ganzen Tag nichts essen konnte. Ich kann mich heute noch so gut daran erinnern, wie ich vor der Hörsaaltür herumtrödelte, in der letzten irrationalen Hoffnung, dass doch bitte noch irgendwas passieren möge, um diese Situation von mir abzuwenden. Ein Feueralarm vielleicht, oder die Landung von Aliens. Aber nein, nichts dergleichen passierte. Und wie mein Doktorvater dann mit einem aufmunternden Kopfnicken zu mir sagt, *geh ma es an.* Wie es ja immer ist, löste sich der Knoten im Hals nach dem zweiten Satz und alles lief wie geschmiert, ja, es hat sogar *fast* Spaß gemacht. Nichtsdestotrotz war ich danach ziemlich fertig. Am Abend desselben Tages bin ich aus lauter Erschöpfung kurz nach 21 Uhr auf der Geburtstagsfeier einer Freundin auf ihrem Sofa eingeschlafen.

Aber jetzt ist es vorbei. Es ist, als wäre praktisch mein ganzes Erwachsenenleben in diesem Ziel kulminiert und jetzt ist es einfach so vorbei. Keine langen Nächte mehr vor dem Bildschirm, kein »ich muss nur noch das Kapitel fertig schreiben, nur noch diesen Plot neu machen, nur noch diese Analyse von vor ein paar Monaten wiederholen – diesmal aber ordentlich!« Ich wache immer noch mit dem angespannten Gefühl der unvollendeten Arbeit auf, aber dann erinnere ich mich: es ist vorbei!

»So, how would you dance your PhD?« Johns Frage reißt mich aus meinen Gedanken. »Sorry, what?« Er lächelt mich an und wiederholt seine Frage noch mal etwas langsamer. Wie würdest du deine Doktorarbeit tanzen? John ist Wissenschaftsjournalist, allerdings kein gewöhnlicher. Er ist der *Gonzo Scientist* des *Science Magazines*, eine der renommiertesten wissenschaftlichen Zeitschriften weltweit. Gonzo Journalismus ist ein subjektiver Ansatz, der die unabhängige Beobachterrolle des objektiv berichtenden Journalisten infrage stellt. Das Beobachten einer Situation wird dabei durch die persönliche Beteiligung an der Geschichte ersetzt, und die Journalistin steht dabei oft auch im Vordergrund. Der Gonzo Journalist berichtet über Dinge, bei denen er nicht nur dabei war, sondern mittendrin. Der Ursprung des Begriffs Gonzo ist unklar, aber popularisiert wurde das Ganze durch den Journalisten Hunter S. Thompson, besser bekannt durch sein Buch *Fear and Loathing in Las Vegas*, das mit Johnny Depp in der Hauptrolle verfilmt wurde. Es geht beim Gonzo Stil nicht nur um »echte« und wilde Geschichten, sondern auch darum, die vermeintliche Unabhängigkeit der Berichterstattung infrage zu stellen. Das ist gerade, wenn es um Wissenschaft geht, natürlich eine kontroverse Herangehensweise: Wissenschaft ist doch unabhängig, objektiv und für alle gültig, und darum soll auch objektiv darüber berichtet werden! Tja, so einfach ist die Welt leider nicht mehr. Wissenschaft wird von Menschen gemacht und spätestens seit der Quantenmechanik ist die spezielle Rolle des Beobachters zu einem zentralen Bestandteil der Wissenschaft selbst geworden. Und wenn es darum geht, über Wissenschaft zu berichten, dann ist die Objektivität sowieso eine Illusion, denn wer berichtet hier und für wen? Als *Gonzo Scientist* berichtet John von der Schnittstelle zwischen Wissenschaft und Gesellschaft, Kunst und Kultur. Und gerade hat er sich ein neues Projekt ausgedacht: Wie würden Wissenschaftler:innen ihre Arbeit über ein künstlerisches Medium wie zum Beispiel Tanz darstellen? Das alte Klischee des sensorisch und motorisch unbegabten Wissenschaftlers spielt dabei genauso mit, wie das Erschließen neuer Zielgruppen von Zuhörer:innen, Menschen, denen die Wissenschaft zu trocken oder zu detailliert und langweilig erscheint. Es ist eine ziemlich clevere Idee. Während wir darüber reden, stellt sich heraus, dass es sich dabei aber nicht um eine generelle Forschungsfrage handelt, sondern dass er das Ganze natürlich direkt ausprobieren will, auf einer Bühne, live, mit Publikum, *Gonzo Style*. Sie haben auch schon eine Location sowie einige Professor:innen und Postdocs, die bei der Sache mitmachen würden, aber gerade bei den Studierenden sieht es noch mager aus. Ob wir nicht vielleicht auch mitmachen wollen? Please? Well, OK.

Die Veranstaltung findet ein paar Wochen später im Januar 2008 am IMP, dem *Research Institute of Molecular Pathology* in Wien statt. Offiziell veranstaltet wird das Ganze vom *Science Magazine* und der *American Academy for the Advancement of Sci-*

ence, der größten wissenschaftlichen Gesellschaft der Welt und Herausgeberin des *Science Magazine.* Klotzen statt kleckern. Es gibt ein reichhaltiges Buffet, was wohl im Endeffekt auch dazu beigetragen hat, dass der Saal relativ voll ist. Vor dem Showteil der Veranstaltung müssen alle Teilnehmer:innen der Jury noch mal kurz erklären, worum es bei der zu tanzenden Arbeit eigentlich geht, damit sie die fachliche Korrektheit der künstlerischen Interpretation beurteilen können. Einer der Juroren ist tatsächlich ein Astronomieprofessor, der auch lange Zeit unser Institutsvorstand in Wien war. Warum er? Es stellt sich heraus, dass unser alter Professor seit Jahrzehnten ein passionierter Volkstänzer, und so für die Funktion des Jurors wie gemacht ist.

Und worum ging es bei meiner zu tanzenden Arbeit? Es ging um die Entwicklung von Galaxien, um miteinander verschmelzende Galaxienpaare, um die Entstehung von riesigen elliptischen Galaxien, und es ging um all die Zwerggalaxien, die bei dieser Entwicklung übrig bleiben. Wie hängt das alles zusammen? Riesige elliptische Galaxien entstehen durch die Kollision und darauffolgende Verschmelzung von zwei Spiralgalaxien. Galaxien leben aber kaum alleine, sondern hauptsächlich in kleinen Gruppen. Die Milchstraße befindet sich ja auch in so einer kleinen Gruppe, der sogenannten Lokalen Gruppe und die beiden größten Galaxien dieser unserer Gruppe sind schon auf dem Weg dazu, miteinander zusammenzustoßen. Was passiert mit den größeren Galaxien in anderen, etwas größeren Gruppen? Werden sie alle früher oder später miteinander zusammenstoßen? Wird die ganze Galaxiengruppe zu einer einzigen, gigantischen elliptischen Galaxie? Es gibt diese einsamen Riesengalaxien tatsächlich, wir nennen sie »fossile Gruppen«. Sie sind das Überbleibsel einer ganzen Gruppe an verschiedenen Galaxien, die vor langer Zeit existiert hat, vor vielen Milliarden von Jahren, und die allesamt miteinander zu einer einzigen Galaxie verschmolzen sind. Aber sind diese einsamen Giganten tatsächlich alleine? Nein – sie sind meist von einer Armada an kleinen Zwerggalaxien umgeben – die einzigen Zeugen des Gemetzels, die genauso wie die Riesengalaxie von der ehemaligen Gruppe übrig geblieben sind. Die größeren Galaxien sind schon miteinander verschmolzen, aber die kleinen hatten bis jetzt noch nicht genug Zeit dafür. Es ist so, dass Galaxien mit mehr Masse einander einfach viel schneller anziehen und miteinander kollidieren. Die Zwerggalaxien, die nur einen Bruchteil der Masse der großen haben, brauchen dafür viel, viel länger. Sie bleiben beim Spiel übrig, ja sie machen dabei meist gar nicht mit, solange sie genügend weit von den Großen entfernt sind, um nicht in das Massaker hineingezogen zu werden. Wir sehen also diese einsamen, isolierten, gigantischen Galaxien, die so viele Zwerggalaxien um sich herum haben, als wären sie eine ganze Galaxiengruppe. Wenn das wirklich der Weg ist, den Galaxiengruppen für gewöhnlich einschlagen, dann müssten wir doch auch Galaxiengruppen sehen, die sich gerade auf diesem Weg befinden. Wir müssten Galaxiengruppen finden können, deren große Galaxien schon zum Großteil miteinander verschmolzen sind, aber eben noch nicht ganz. Eine Gruppe, die sich in der letzten Phase der Entwicklung zu einer einzelnen Galaxie befindet.

Wie könnten solche Gruppen aussehen? Es wäre bestimmt schon eine große elliptische Galaxie in der Mitte der Gruppe, die bei den vergangenen Kollisionen der großen Galaxien entstanden ist. Und dann wäre vielleicht noch eine große Spiralgalaxie übrig, die bis jetzt noch überlebt hat, sich aber schon auf dem Weg zur finalen Kollision mit der elliptischen Galaxie befindet. Wir bräuchten enge Galaxienpaare aus einer großen elliptischen und einer Spiralgalaxie, die scheinbar isoliert im Weltraum leben. Und um zu beweisen, dass es sich dabei tatsächlich um eine ehemalige und bald ganz »fossile« Gruppe handelt, müsste man all die Zwerggalaxien finden, die um sie herumfliegen. Genau das war der Hauptteil meiner Arbeit: Finde die Zwerggalaxien. Und um diese kleinen und extrem schwach leuchtenden Minigalaxien zu finden, würde ich ein großes Teleskop brauchen, ein sehr großes Teleskop. Es sollte das Very Large Telescope in Chile sein. In anderen Aufnahmen hatten wir schon passende Galaxienpaare, die aus einer elliptischen und einer Spiralgalaxie bestehen, ausgesucht. Für jedes Paar identifizierten wir einige hundert vielversprechend aussehende Zwerggalaxien-Kandidaten. Mit dem VLT würden wir dann die genaue Entfernung der Kandidaten bestimmen, um zu überprüfen, ob sie sich tatsächlich in der Nähe des Galaxienpaares befanden. Der Weltraum ist groß, und es könnte auch gut sein, dass die potenziellen Zwerggalaxien, in Wirklichkeit größere Galaxien im Hintergrund, also weit weg von den Galaxienpaaren waren, und gar nichts mit ihnen zu tun hatten. Auf der Basis unserer Daten konnten wir das nicht ausschließen, aber mit dem VLT würden wir es sicher wissen. Die Beobachtungen der Zwerge wurden in mehreren Nächten im Service Mode gemacht, ich war also nicht dabei. Die DVDs mit den Beobachtungsdaten bekam ich einige Wochen danach zugeschickt. Endlich hatte ich die Daten für vier Galaxienpaare und Dutzende von vielversprechenden, potenziellen Zwerggalaxien in der Hand und konnte das Rätsel um die Entwicklung von Galaxiengruppen lösen!

Na ja. Das Ergebnis der Arbeit war, wie wahrscheinlich das der meisten Arbeiten, eher unschlüssig. Zwei der Galaxienpaare hatten zumindest eine passable Anzahl an Zwerggalaxien, aber bei den zwei anderen konnten wir so gut wie gar keine Zwerge finden. Rund um das Galaxienpaar mit den meisten beobachteten Kandidatengalaxien waren nur 2 von 84 Galaxien in der gleichen Entfernung wie das Paar. Der Rest war eindeutig weiter entfernt. Allgemein fanden wir viel, viel weniger Zwerggalaxien als erwartet. Das *missing satellite problem* der fehlenden Zwerggalaxien zeigte sich eindeutig bei unseren Gruppen. Wie wir heute wissen, sind sehr viele der Zwerge, die wir rund um die großen Galaxien erwarten würden, einfach viel weniger hell und ihre wenigen Sterne viel diffuser verteilt als gedacht, was es fast unmöglich macht, sie zu beobachten. Es kann natürlich gut sein, dass es rund um die verschmelzenden Galaxienpaare jede Menge Zwerggalaxien gibt, die aber, wie die vielen Zwerge um die Milchstraße, viel zu schwach und diffus leuchten um in der größeren Entfernung noch gesehen zu werden.

Was wir auch fanden, war ein Hinweis darauf, dass es mit der großräumigen Umgebung der Galaxienpaare zusammenhängen könnte. Die beiden Paare mit fast keinen Zwergen waren wirklich isoliert, während sich bei den beiden anderen jeweils ein kleinerer Galaxienhaufen in der mittleren Nachbarschaft befand. Die zwei waren also quasi ein Dorf am Stadtrand, während die anderen beiden tatsächlich vereinzelte Bauernhöfe auf dem Land waren.

Jetzt aber zurück zum Tanz. Wie um alles in der Welt sollte ich die Spektroskopie von vermeintlichen Zwerggalaxien, von denen die meisten im Endeffekt gar keine waren, tänzerisch darstellen? Any ideas? Zwerggalaxien sind zwar spannend, aber leider nicht sehr tanzbar. Es musste sich bei der Choreographie wohl oder übel um das zentrale Galaxienpaar drehen. Ein Paartanz war die einfachste Lösung. Das Paar, das sich gerade zum ersten Mal begegnet, sich dann gleich wieder zu trennen versucht, aber doch schon aneinander gebunden ist, sich umkreist und unweigerlich auf die Kollision, die finale Verschmelzung zusteuert. Und welcher Paartanz könnte die Dramatik dieser Begegnung besser illustrieren als ein Tango! Die Zwerggalaxien waren auch auf der Bühne dabei, als kleine schwarze Luftballons, die sich die elliptische Galaxie, dargestellt von meinem Freund und Co-Astronom Jesús, im Zentrum langsam einverleibt und immer fetter wird. Ich war die Spiralgalaxie, die langsam auf die elliptische Galaxie in der Mitte zukommt, um sie herumwirbelt und am Ende schließlich mit ihr eins wird. Im Nachhinein betrachtet hätte ich die Rollen vielleicht vertauscht, aber gut, so haben wir immerhin den zweiten Platz gemacht. Alle Tänze des Wettbewerbs gibt es übrigens immer noch auf Youtube zu sehen und die Astronomie ist dabei nicht nur zahlreich, sondern auch mit den begabtesten Tänzerinnen vertreten, darunter Katrien mit ihrer Choreographie zu pulsierenden Sternen und Simone, der mit seinem explosiven und hochenergetischen Tanz seiner Arbeit über Supernova-Explosionen in Zwerggalaxien alle Ehre macht. Gewonnen hat aber ein Anthropologe, der – fair enough – nur mit einem Lendenschurz bekleidet über die Bühne gegrooved ist. Da konnten auch die Sterne nicht mithalten …

Das Live-Event gab es zwar nur einmal, der Dance Your PhD Contest findet aber seither jedes Jahr statt, allerdings nur als Online-Wettbewerb. Wissenschaftler:innen nehmen ihren Tanz auf und reichen das Video auf der Webseite ein. Dabei fehlt zwar die spontane Atmosphäre der Bühne, aber dafür können Menschen in aller Welt teilnehmen. Wahrscheinlich ist auch die Qualität der Performances seither etwas professioneller geworden.

Warum fette Galaxien immer im Mittelpunkt stehen müssen

Aber kommen wir zurück zu den fetten elliptischen Galaxien. Dass die nicht überall gleichmäßig vorkommen, sondern hauptsächlich dort, wo es viele andere Galaxien gibt, wissen wir schon seit Jahrzehnten. Die erste wirklich systematische Arbeit kam 1980 von Alan Dressler, der herausfand, dass die Morphologie der Galaxien, also ihre Form, von der Anzahl der Galaxien um sie herum abhängt. Je mehr Galaxien in einem bestimmten Gebiet vorhanden sind, desto mehr elliptische Galaxien gibt es dort. In den Zentren von Galaxienhaufen gibt es fast nur elliptische Galaxien und so gut wie keine Spiralgalaxien, während es am Rand eines Galaxienhaufens weniger elliptische und dafür viel mehr Spiralgalaxien gibt. Interessanterweise besteht dieser Unterschied aber nicht nur zwischen Zentrum und Rand des Galaxienhaufens, sondern auch überall *innerhalb* des Haufens. In einem Gebiet, das zwar am Rand des Haufens liegt, wo aber gerade mehrere Galaxien eng beisammen sind, gibt es genauso eher elliptische Galaxien und weniger Spiralen. Diese Abhängigkeit des Galaxientyps von der lokalen Galaxiendichte wurde daraufhin auch in den kleineren Galaxiengruppen bestätigt. Das Erstaunliche daran: Die Bedingungen in Gruppen schließen nahtlos an die Bedingungen in den Außenbereichen der großen Haufen an. Die einzige Erklärung dafür ist, dass kleinere Galaxiengruppen, in denen sich schon die eine oder andere elliptische Galaxie gebildet hat, in den Haufen hineinfallen und dann Teil des Haufens werden. Das heißt also, dass viele der elliptischen Galaxien in Galaxienhaufen entstehen, aber zumindest einige von ihnen sich offensichtlich auch in kleineren Galaxiengruppen bilden und erst später in den Haufen hineingeliefert werden.

Im Gegensatz dazu leben Spiralgalaxien gerne alleine oder in kleinen Gruppen wie unserer Lokalen Gruppe, also generell einfach dort, wo weniger los ist. Dort können sie sich entfalten und langsam, friedlich und kontinuierlich vor sich hinleben, ab und zu eine kleinere Galaxie verschlucken und so ihren zentralen Bulge nähren. Sollte ihnen eine andere große Spiralgalaxie innerhalb der Gruppe dann doch zu nahe kommen, werden die beiden in dem fulminanten Spektakel einer langsamen großen Galaxienkollision ebenfalls zu einer elliptischen Galaxie. Wenn diese Gruppe dann in eine größere Galaxienstruktur, also einen Galaxienhaufen hineinfällt, werden auch die Spiralgalaxien in der Gruppe Teil des Haufens, darum gibt es sie auch dort.

Elliptische Galaxien hingegen befinden sich generell mittendrin, im Zentrum des Geschehens, dort, wo die meiste Action ist. Das ist auch genau dort, wo sich die meiste Masse befindet. Unsere Lokale Gruppe zum Beispiel ist nicht massereich genug für eine große elliptische Galaxie – noch nicht. Wir finden sie in den etwas größeren Galaxiengruppen und vor allem in den noch größeren Galaxienhaufen. Und innerhalb ihrer Strukturen, sei es eine Gruppe oder ein großer Haufen, befinden sie sich genau in der Mitte aller Galaxien, genau im Zentrum des Potenzialtopfs. Dort sitzen sie und lassen sich ihr Essen liefern.

Henne oder Ei? Nature oder Nurture?

Es besteht also eine Verbindung zwischen Galaxientyp und der lokalen Galaxiendichte. Genauso besteht aber eine Verbindung zwischen Galaxientyp und Galaxienmasse. Punkt 1: Je mehr Galaxien da sind, desto eher gibt es elliptische Galaxien. Punkt 2: Je mehr Masse da ist, desto eher gibt es elliptische Galaxien. Der aufmerksamen Leserin wird sich nun die Frage stellen: Moment mal, gibt es da nicht auch schon automatisch Punkt 3, nämlich: je mehr Galaxien da sind, desto mehr Masse ist da? Ja natürlich. Das Ganze ist in Wirklichkeit ein Dreieck, in dem der Galaxientyp, die Galaxienanzahl (bzw. -dichte) und die Galaxienmasse miteinander verbunden sind und einander bedingen.

Aber was ist wichtiger? Ist es eher die Galaxienmasse, die bedingt, was aus einer Galaxie wird, oder ist es die lokale Dichte an Galaxien, die die Entwicklung einer Galaxie dominiert? Es stellt sich die grundlegende Frage: Sind die elliptischen Galaxien dort, weil die Masse dort ist, oder hat sich die Masse dort eingefunden, weil die elliptischen Galaxien dort sind? Was sich wie ein Henne-Ei-Problem anhört, entpuppt sich im Grunde als die Frage, was wir mit Masse meinen. Die Frage ergibt viel mehr Sinn, wenn ich statt der Masse der einzelnen Galaxien, die *Gesamtmasse der Struktur, in der die Galaxie sich befindet,* hernehme. Entstehen elliptische Galaxien hauptsächlich in großen Galaxienhaufen oder entwickeln sich die Galaxienhaufen erst im Laufe der Zeit um die elliptischen Galaxien herum und verändern sie dadurch?

Diese Gesamtmasse einer Struktur wird auch Halo-Masse genannt. Damit ist aber nicht direkt der Halo einer einzelnen Galaxie mit seinen Kugelsternhaufen gemeint, sondern es geht hier um den Halo aus Dunkler Materie, in den alle Galaxien eingebettet sind. Diese Dunkle-Materie-Halos sind um ein vielfaches größer und auch massereicher als die Galaxien selbst. Und wenn Galaxien im hierarchischen *bottom-up* Modell entstehen – worauf alles hindeutet – ist bei größeren Strukturen wie Galaxienhaufen ein gigantischer Halo aus Dunkler Materie da, der die Galaxien im Haufen durchdringt und umgibt.

Wenn wir annehmen, dass die Gesamtmasse einer großen Struktur durch die ursprünglichen Dichteschwankungen im ganz frühen Universum schon von Anfang an festgelegt ist, führt uns das zur sogenannten *Nature*-oder-*Nurture*-Debatte. Ist es die Gesamtmasse, also die Natur der Galaxie, die schon von klein auf bestimmt, welche Art von Galaxie aus ihr wird? Ist also quasi in ihren Genen festgelegt, dass sie eine elliptische Galaxie wird, weil sie sich in einer Region mit etwas mehr Masse befindet?

Oder ist es *Nurture*, die Umgebung, die die Entwicklung der Galaxien vorantreibt? Werden Galaxien hauptsächlich von äußeren Einflüssen genährt und geformt? Ist einer Galaxie vorbestimmt, was aus ihr wird? Oder hat sie gute Chancen, sich im Laufe ihres Lebens zu verändern, je nachdem, was ihr so über den Weg läuft?

Wenn wir die Galaxien in verschiedenen Umgebungen untersuchen, finden wir, dass die Eigenschaften einer Galaxie viel stärker von der großen, gesamten Halo-Masse abhängen als von ihrer eigenen Masse aus Sternen und Gas. Galaxien in einem größeren Halo sind älter, haben weniger Gas, daher auch weniger neue Sterne, und haben viel eher elliptische Formen oder dicke Scheiben ohne Spiralarme. Die grundlegende Frage ist aber: Gibt es bei gleicher Halo-Masse auch Unterschiede in Galaxien, die »von außen« kommen? Und was müsste ich über die Galaxie wissen, um ihre Zukunft voraussagen zu können?

Der eindeutigste Hinweis für erfolgreiches galaktisches Wahrsagen ist anscheinend, ob eine Galaxie sich *im Zentrum ihres Halos* befindet. Nicht alle elliptischen Galaxien leben in großen Galaxienhaufen. Aber jede große Struktur, jeder Galaxienhaufen hat eine elliptische Galaxie in seinem Zentrum. Es scheint ganz klar zu sein, dass eine Galaxie, die sich im Zentrum einer größeren Struktur, im Zentrum eines großen Halos befindet, nur eine elliptische Galaxie werden kann. Aber gut, da machen wir es uns zu leicht. Die meisten Galaxien sind natürlich nicht die zentrale Galaxie einer großen Gruppe oder eines Galaxienhaufens. Die meisten Galaxien sind keine Alpha-Tiere. Was ist also mit den anderen, den Beta- und Gamma-Galaxien?

In Galaxiengruppen bewegen sich die Galaxien mit relativ langsamen Geschwindigkeiten relativ zueinander. Dadurch kommt es zu lang andauernden Interaktionen zwischen den einzelnen Galaxien, die meist zur Verschmelzung der Beteiligten führen oder zur Bildung von langen Gezeitenarmen und seltsam aussehenden Strukturen. Es bedeutet zweifellos eine große Veränderung für eine Spiralgalaxie, wenn sie mit einer anderen größeren Galaxie zusammenstößt. Aber es gibt noch jede Menge andere Arten, wie sich eine Galaxie im Laufe ihres Lebens grundlegend verändern kann. Es ist zum Beispiel das wiederholte Angerempeltwerden oder das ständige leichte Sticheln von außen, das Galaxien genauso verändern kann wie ein großer Zusammenstoß. Dafür braucht es aber natürlich viele schnelle Interaktionen und wiederholten Input. Daher passiert diese Art der Veränderung hauptsächlich dort, wo viele Galaxien zusammenleben, und sich rasant bewegen, in der Galaxien-Großstadt.

Der brutale Alltag in der Galaxien-Großstadt

Ein Galaxienhaufen ist ein gefährliches Pflaster. Hunderte, ja oft sogar tausende von Galaxien tummeln sich hier. Ein großer Galaxienhaufen ist näherungsweise kugelförmig, mit einem dichteren Zentrum, in dem viele, fast ausschließlich elliptische Galaxien eng zusammenstehen. Nach außen hin wird der sphärische Haufen weniger und weniger dicht, es befinden sich immer größere Abstände zwischen den Galaxien. Die Galaxien sind aber nicht wirklich gleich verteilt, sondern neigen dazu, sich auch innerhalb des Haufens in kleineren Grüppchen zusammenzufinden. Besonders am Rand des Haufens sind die kleineren Konzentrationen der Galaxien noch deutlich zu sehen.

Die einzelnen Galaxien in einem Haufen stehen aber natürlich nicht einfach untätig herum, sondern bewegen sich mit sehr hohen Geschwindigkeiten rund um und quer durch den Haufen. Genauso wie die Sterne in einer Galaxie sich um das galaktische Zentrum herum bewegen, fliegen in Galaxienhaufen die einzelnen Galaxien wie wild durch die Gegend. Sehen können wir das natürlich nicht, dazu sind die Entfernungen einfach viel zu groß. Obwohl sie sich mit mehreren tausend Kilometern *pro Sekunde* durch den Haufen bewegen, dauert es eine Ewigkeit, bis sie eine Distanz zurücklegen, die für uns messbar, geschweige denn sichtbar wäre. Mit 3000 km/s würde so eine Galaxie in einem Jahr knapp 100 Milliarden Kilometer zurücklegen. Klingt viel, ist aber nur ein Hundertstel eines Lichtjahrs – oder ein 10-Millionstel eines typischen Galaxiendurchmessers. Das fällt für sehr lange Zeit niemandem auf.

Wir können also die rasanten Geschwindigkeiten der Galaxien in Galaxienhaufen nicht sehen, dafür sehen wir aber ganz deutlich ihre Auswirkungen. Worum bewegen sich die Galaxien überhaupt so schnell? Es ist die gigantische Masse des Galaxienhaufens, die die Galaxien antreibt. Massen ziehen sich an und beschleunigen einander. Es ist die Gravitationskraft aller Galaxien zusammen, die die einzelnen Galaxien so stark beschleunigt. Noch anschaulicher ist das Ganze wenn wir uns den gekrümmten Raum vorstellen. Ja, wirklich! Masse krümmt den Raum und gigantische Massenansammlungen wie Galaxienhaufen verursachen eine tiefe und steile Grube im Gummituch des Weltraums. Je konzentrierter die Masse ist, desto steiler die Grube und desto schneller rollt die Kugel den Hang hinunter. Galaxien rollen zwar eigentlich nicht, aber sie fallen die steile Böschung hinunter, schneller und schneller in das Potenzial des Galaxienhaufens hinein, bis sich eine Art Gleichgewichtszustand eingestellt hat. Was passiert dabei mit den beschleunigten Galaxien? Es ändert sich die Art und Weise, wie sie mit ihren Nachbarn interagieren. Die hohe Geschwindigkeit der Galaxien führt dazu, dass es weniger Kollisionen gibt, bei denen Galaxien miteinander verschmelzen. Dafür braucht es eine langsame Annäherung der Galaxien, wie zum Beispiel zwischen Milchstraße und Andromeda – die fliegen mit »nur« etwa 100 km/s aufeinander zu, ein Bruchteil der Geschwindigkeit in den Haufen. Bei den rasenden Haufen-Galaxien kommt es natürlich auch zu vielen Begegnungen, aber die Galaxien fliegen danach wieder voneinander weg, es schleudert sie quasi aneinander vorbei.

In der schnelllebigen Atmosphäre der Großstadt können sich die Galaxien also kaum kennenlernen, geschweige denn miteinander verschmelzen. Was passiert, ist, dass den Galaxien die häufigen oberflächlichen Begegnungen im Laufe der Zeit gehörig auf die Nerven gehen. Wie in einer Fußgängerzone am Samstagnachmittag, wenn viel zu viele Menschen viel zu schnell durch die Gegend laufen. Natürlich wird man da oft angerempelt. Diesen Mechanismus nennt man in der Galaxienwelt auch *Harassment*: Belästigung. Je kleiner und flacher die Galaxie, desto eher gehen ihr die unsanften Begegnungen nahe. Die kleinen Galaxien werden im Haufen gemobbt und schikaniert, bis sie sich eine harte Haut zugelegt haben. Zuerst wird das Gas der Galaxie komprimiert und es bilden sich neue Sterne. Der Gasvorrat der Galaxie wird kleiner. Nach mehr und mehr Schubsern wird das übrig gebliebene Gas der Galaxie aufgeheizt, die Sternentstehung hört auf. Durch das ständige Angestoßenwerden verändern sich auch die Bahnen der Sterne und werden immer chaotischer. Eine kleine Spiralgalaxie wird so schnell zu einer kleinen elliptischen Galaxie umgeformt. Diese Galaxienform ist viel weniger angreifbar, ihr können die rauen Bedingungen des Haufens viel weniger anhaben.

Aber auch die größeren Galaxien, vor allem die Spiralgalaxien, haben es nicht so leicht im Haufen. Sie sind zwar schwerer und darum weniger leicht zu beeinflussen, aber wir sehen trotzdem Unterschiede zu den Prachtexemplaren, die in kleinen Galaxiengruppen leben. Es werden ihnen die Haare gestutzt, sie werden dicker und altern wesentlich schneller.

Durch die wiederholten schnellen Begegnungen und die unwirtliche Umgebung werden den Galaxien ihre äußeren Bereiche weggenommen. Galaxien in Großstädten sind generell kleiner und kompakter als Galaxien in der freien Natur. Diesen Mechanismus nennt man *Stripping.* Die Galaxien werden geschält, gehäutet, ausgezogen. Durch das starke Gravitationspotenzial können sie ihre Außenbereiche nicht mehr an sich binden und müssen sie an den Haufen abgeben. Darum gibt es in Galaxienhaufen auch viele Sterne, die nicht direkt zu einer Galaxie gehören, sondern zwischen den Galaxien umherirren.

Und auch in ihr Inneres, in ihre Sternen- und Gasscheibe, greift die Umgebung ein. Galaxien in Haufen hören langsam auf, neue Sterne zu bilden. Warum? Sie werden vom Haufen stranguliert. Ja, das ist wirklich der Fachausdruck für den Prozess, *Strangulation.* Was geschieht, ist, dass den Galaxien langsam ihr Gas-Reservoir, ihr Vorrat für die Sternentstehung weggenommen wird. Die meisten Galaxien sind ja in gigantische Mengen aus Wasserstoffgas eingebettet, die wesentlich weiter ausgedehnt sind als ihre sichtbaren Sternenscheiben. Die Milchstraße zum Beispiel hat ein Wasserstoffgas-Reservoir, das fast doppelt so groß ist wie ihre Sternenscheibe. Galaxien haben also für gewöhnlich einen riesigen Vorrat an neutralem Wasserstoffgas, dem Rohmaterial der Sternentstehung. Damit ist es aber bald vorbei, wenn sie in einen Haufen hineingeraten. Das Gas wird durch Gezeitenkräfte entfernt oder aufgeheizt und kann so nicht mehr in die Scheibe hinein transportiert werden, was wiederum dazu führt, dass der Galaxie langsam das Gas ausgeht und die Sternentstehung aufhört. Dieser Prozess kann einige Milliarden Jahre dauern, die Galaxie wird also langsam erstickt. Die Analogie ist die folgende: Die Sterne in den Galaxien erzeugen durch ihre Kernfusion Metalle. So nennt man in der Astronomie alle chemischen Elemente außer Wasserstoff und Helium, die ja schon von Anfang an da waren. Die Galaxie produziert also Metalle, genauso wie ein Lebewesen CO_2 ausatmet. Diese Metalle bleiben nun eher in der Galaxie zurück als das frische Wasserstoffgas, das ja in den Sternen langsam verbraucht und auch nicht mehr nachgeliefert wird. Die Metalle reichern sich in der Galaxie an wie CO_2 in einem abgedichteten Raum, gleichzeitig wird frischer Wasserstoff – in dieser Analogie dem Sauerstoff gleichzusetzen – knapp.

Und was passiert mit so einer strangulierten, erstickenden Galaxie? Sie wird immer gelblicher und leuchtet nach spätestens ein paar Milliarden Jahren nur mehr im Orange ihrer alten Sterne. Ihre Scheibe beginnt durch die Eigenbewegungen der Sterne dicker zu werden, die Spiralarme lösen sich auf. Aus einer Spiralgalaxie hat sich eine lentikuläre Galaxie, eine S0 Galaxie gebildet. Immer noch eine Scheibe, aber keine Spiralarme und praktisch keine neuen Sterne mehr. S0 Galaxien scheinen in der Tat das Bindeglied zwischen den elliptischen und den Spiralgalaxien zu sein und kommen auch fast nur in Galaxienhaufen vor.

Manchmal geht diese Verwandlung aber auch viel schneller. Das steile Potenzial des Haufens verursacht nämlich noch eine andere ziemlich ungemütliche Sache: Der Raum zwischen den Galaxien ist in Galaxienhaufen mit extrem heißem Gas gefüllt. Warum? Genauso wie die einzelnen Galaxien werden natürlich auch die Moleküle der Gaswolken beschleunigt, die sich zwischen den Galaxien befinden. Das Gravitationspotenzial rührt das Material im Haufen ordentlich um. Und schnellere Bewegung von Gasteilchen bedeutet, es wird heiß, sehr heiß. Je mehr Masse im Galaxienhaufen vorhanden ist, desto heißer ist auch das sogenannte Intracluster Medium. Und dieses heiße Gas wirkt sich fatal auf die Neuankömmlinge im Haufen aus. Es wirkt durch seinen hohen Druck wie ein Rammbock, der den Galaxien entgegenschlägt, wenn sie in den Haufen hineinfallen. Ein bisschen so, als käme man aus einem dunklen, kühlen, klimatisierten Raum hinaus in die brütende Hitze der sengenden Sommersonne, die einem fast den Atem verschlägt – nur noch ein paar Millionen Grad heißer.

Wo kann dieser Rammbock aus heißem Gas am besten angreifen? Die Sterne der Galaxie bieten ja kaum eine Angriffsfläche, aber die Gas- und Staubscheibe der Galaxie, die wird buchstäblich aus den Galaxien hinausgepresst. Besonders gut funktioniert das bei Galaxien, die face-on, also mit der vollen Breitseite ihrer Scheibe voran in den Haufen hineinfallen und auch genau auf das Zentrum des Haufens zufliegen. Fliegt die Galaxie entlang der Orientierung der Scheibe, also mit der Schmalseite voran, in den Haufen hinein, bietet sie viel weniger Widerstand. Genauso ist der Effekt auch weniger stark, wenn die Galaxie seitlich in den Haufen hineinfliegt oder eher langsam unterwegs ist. In der Realität ist es natürlich meistens irgendwas dazwischen. Den Galaxien, die so unbedarft und unglücklich genau in den Haufen hineinfallen, dass die Ramme aus heißem Gas optimal wirken kann, sieht man ihr Schicksal natürlich sofort an. Die Scheibe wird an den Rändern ein bisschen nach hinten gebogen, und das Material, das schon aus der Scheibe herausgestoßen wurde, zieht sich in langen Filamenten hinter der Scheibe her. Es sind die sogenannten *Jellyfish Galaxies*. Diese Galaxien sehen tatsächlich aus wie Quallen. Dieses *ram pressure stripping* ist sehr effektiv und kann in extremen Fäl-

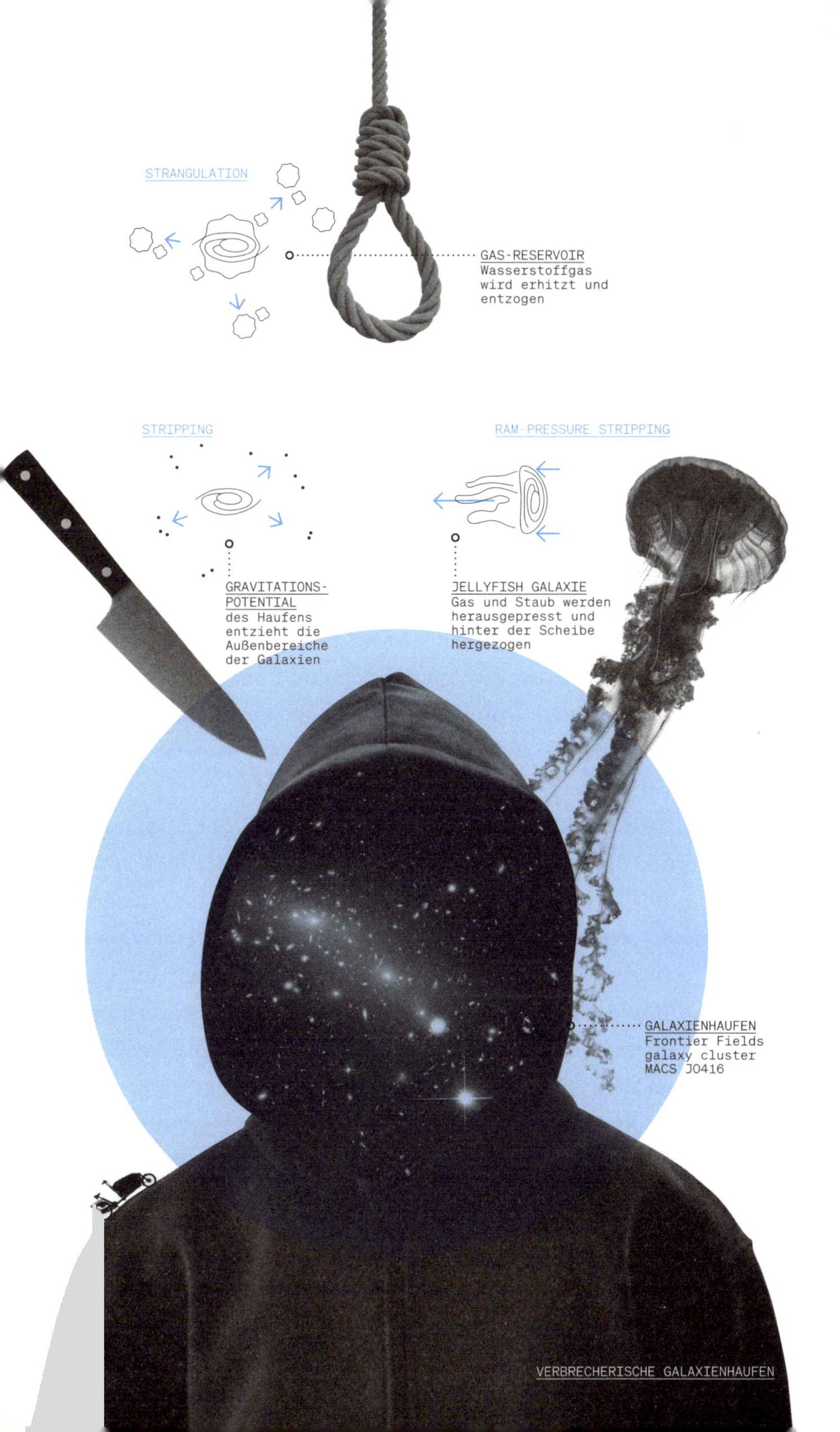
STRANGULATION
GAS-RESERVOIR
Wasserstoffgas wird erhitzt und entzogen
STRIPPING
GRAVITATIONS-POTENTIAL
des Haufens entzieht die Außenbereiche der Galaxien
RAM-PRESSURE STRIPPING
JELLYFISH GALAXIE
Gas und Staub werden herausgepresst und hinter der Scheibe hergezogen
GALAXIENHAUFEN
Frontier Fields galaxy cluster MACS J0416
VERBRECHERISCHE GALAXIENHAUFEN

len eine Galaxie in nur etwa hundert Millionen Jahren komplett verwandeln. Das Ergebnis ist, wie bei den anderen Verwandlungen, dass die Galaxie runder und röter wird, sich also in einen frühen Galaxientyp (E oder S0) verwandelt.

Belästigt, schikaniert, entkleidet und stranguliert: Was sich wie eine Geschichte über die Gattinnen von Henry VIII. anhört, sind ganz normale Schicksale der Galaxien in Galaxienhaufen. All diese unangenehmen Prozesse wurden sowohl beobachtet als auch in Computersimulationen reproduziert. Sie sind real und gang und gäbe in den Großstädten der Galaxien.

Galaxien entwickeln und verändern sich laufend und überall im Universum. Es stoßen ihnen sowohl in Galaxienhaufen als auch in kleinen Gruppen wie unserer Lokalen Gruppe die ungewöhnlichsten Dinge zu. Ihr Schicksal hängt sehr davon ab, wo sie hineingeraten. Ganz entscheidend ist aber auch, *wann* sie sich wo befinden. Die Entstehung und Entwicklung von Galaxien passiert an unterschiedlichen Orten auch auf ganz unterschiedlichen Zeitskalen. Hier kommen wir wieder auf den Zusammenhang mit der *Gesamtmasse* zurück.

In den großen Strukturen im Universum haben Galaxien mit ihrer Entwicklung viel früher angefangen und waren auch viel schneller wieder fertig. Nicht nur, weil sie früher angefangen haben, sondern weil in den großen, massereichen Halos alles viel schneller vor sich geht. *Live fast, die young* ist hier die Devise. Galaxien in großen Galaxienhaufen sind die Draufgänger des Universums, sie haben praktisch schon alles gesehen, sind robust und abgebrüht. Dort, wo sehr wenig los ist hingegen, geschehen die Dinge sehr langsam und kontinuierlich. Hier ist alles etwas später dran und es gibt keine Eile. Die Galaxien entwickeln sich gemächlich vor sich hin, kannibalisieren gelegentlich eine kleine Galaxie, und ab und zu gibt es eine große Kollision, auf die sich alle Augen richten. Sie mögen vielleicht etwas blauäugig und fragil sein, dafür haben sie aber immer frisches Wasserstoffgas im Kühlschrank.

Messy Action im frühen Universum

Grob gesagt ist die Entwicklung in Haufen also schon passiert, in kleinen Gruppen passiert sie immer noch oder – wie in unserem Fall – es steht die große Kollision sogar noch bevor. Aber was, wenn wir uns so einen Haufen in der Vergangenheit ansehen könnten? Müssten wir dann nicht sehen, wie sich die großen elliptischen Galaxien dort gerade bilden? Sollte es nicht irgendwann auch in den jungen Galaxienhaufen nur kleine Spiralgalaxien gegeben haben? Oder ist das Ganze doch anders abgelaufen?

Dass sich die Zustände in den Galaxienhaufen im Laufe der Zeit verändern, hat schon das Astronomenduo Butcher und Oemler im Jahr 1978 für uns herausgefunden. Die beiden haben entfernte Galaxienhaufen beobachtet und sind dabei draufgekommen, dass die Haufen umso mehr bläuliche Galaxien enthalten, je weiter sie von uns entfernt sind. Je weiter wir ins Universum hinausblicken, desto länger hat das Licht, das wir sehen, bis zu uns gebraucht. Wir sehen die weiter entfernten Galaxienhaufen einfach zu einem früheren Zeitpunkt in ihrer Entwicklung.

Das heißt also, dass die Haufen früher mehr blaue, also einfach jüngere Galaxien enthalten. Oder genauer gesagt: Galaxien, in denen auch noch neue Sterne entstehen. Junge Sterne sind ja eher bläulich, das heißt, je mehr junge Sterne da sind, desto bläulicher erscheint auch die ganze Galaxie. Bei den Galaxienhaufen in unserer kosmischen Umgebung ist es so, dass nur 3 % ihrer Galaxien bläulich leuchten, also noch frische, junge Sterne in ihnen entstehen. Drei von Hundert, das ist fast gar nichts.

Im heutigen Universum sind die Galaxien in Galaxienhaufen allesamt alt und orange. Aber jetzt reisen wir mithilfe unserer großen Teleskope hinaus ins Universum und dadurch gleichzeitig auch in der Zeit zurück. Galaxienhaufen sind gigantische Strukturen und generell schon sehr weit weg von uns, das heißt, wir müssen ein schönes Stück weit hinausschauen, um die Veränderung zu sehen. Aber nach ein paar Milliarden Lichtjahren beginnen sich die Galaxien in den Haufen etwas zu verändern. Bei einer Rotverschiebung von 0.5 sind wir schon etwa 5 Milliarden Jahre in die Vergangenheit gereist. Zu dem Zeitpunkt war unsere Sonne gerade ein Baby.

Und wie sehen die Galaxien in dieser immensen Entfernung aus? Riesige elliptische Galaxien sitzen da in den Zentren der Galaxienhaufen. Hauptsächlich orangefarbene blob-förmige Galaxien. Aber halt, kein Grund zur Enttäuschung. Bei genauerem Hinsehen entdecken wir doch auch schon einige bläuliche Galaxien in diesen Haufen. Schon etwa ein Viertel der Galaxien enthalten auch noch jede Menge junge Sterne. Wir blicken weiter hinaus und reisen noch weiter zurück. Bei einer Rotverschiebung von 1 blicken wir schon 8 Milliarden Lichtjahre weit hinaus, also 8 Milliarden Jahre zurück. Das Universum war damals erst knapp 6 Milliarden Jahre alt. Es war die Zeit, in der die junge Milchstraße gerade mit der kleineren Gaia-Sausage-Galaxie zusammengestoßen ist. Und in den fernen Haufen? Orangene elliptische Galaxien im Zentrum. Aber Moment – mittlerweile ist da schon eindeutig die Mehrheit der Galaxien bläulich und scheibenförmig. Es sind nun etwa 70 % der Galaxien, in denen noch in großen Mengen Sterne entstehen. Langsam kommen wir ihnen auf die Schliche.

Gehen wir noch weiter zurück. Unsere gigantischen Galaxienhaufen sind zwar sehr groß und ihre tausenden Galaxien leuchten sehr hell, aber nach und nach wird es schwieriger, sie zu sehen. Wegen der Rotverschiebung des Lichts müssen wir auf Infrarotteleskope zurückgreifen. Um die wenigen Photonen, die es durch mehr als das halbe Universum bis zu uns geschafft haben, aufzufangen, brauchen wir ein Teleskop mit einem riesigen Spiegel und eine leistungsstarke Infrarotkamera, entweder im Weltraum oder so nah am Weltraum wie möglich. Wir haben uns dafür NIRI ausgesucht, den Near-Infrared Imager am Gemini Telekop am Mauna Kea in Hawaii. Das Gemini ist das Nachbarteleskop des UKIRT, aber etwa doppelt so groß und dadurch noch deutlich lichtempfindlicher als sein kleiner Nachbar.

Mit NIRI hat meine Kollegin Amanda einen Galaxienhaufen beobachtet, der eine Rotverschiebung von 1,4 hat. Gemeinsam haben wir die Beobachtungen dann ausgewertet. Das Licht der Galaxien in diesem Haufen hat beinahe 10 Milliarden Jahre bis zu uns gebraucht. Jedes Photon, das wir detektieren, hat sich 10 Milliarden Jahre lang durch die Tiefen des Universums gekämpft. Das Universum ist zu dem Zeitpunkt noch keine 4 Milliarden Jahre alt. Wie sieht das Zentrum dieses Galaxienhaufens aus? Eine riesige orangene elliptische Galaxie sitzt in seinem Zentrum, umgeben von ein paar anderen alten, runden, von rötlichen Sternen dominierten Galaxien. Es ist dort also auch schon alles orange und rund – nur knapp 4 Milliarden Jahre nach dem Anfang des Universums sehen die Galaxien im Zentrum dieses Haufens schon alt aus. Die Sternentstehung muss dort also schon nach nur wenigen Milliarden Jahren aufgehört haben. In den Randbereichen des Haufens gibt es zwar noch viele junge Galaxien, aber generell wird die Sternentstehung schon weniger.

In anderen fernen Galaxienhaufen scheint das aber nicht so zu sein. Einige Astronom:innen haben in ähnlich weit entfernten Haufen gefunden, dass dort in den dichteren Bereichen sogar noch mehr Sterne entstehen als am Rand. Die Sternentstehung nimmt dort also mit der Galaxiendichte zu und nicht ab. Warum enthalten manche der fernen Haufen noch mehr frische, junge Galaxien, während andere schon eher voller alter, elliptischer Galaxien sind? Es scheint wieder an der Gesamtmasse, der Halo-Masse zu liegen. Es sind anscheinend die Schwergewichte, die Riesenhalos, die am frühesten mit ihrer Entwicklung angefangen haben, und darum auch schon früher mehr oder weniger »fertig« sind. Je mehr Gesamtmasse der Haufen hat, desto früher waren schon die elliptischen Galaxien da, und desto früher hat die Sternentstehung in ihren Zentren aufgehört.

Im noch früheren Universum wird es ein wenig messy. Es scheint aber vieles darauf hinzudeuten, dass jenseits einer Rotverschiebung von 2, also wenn wir über 10 Milliarden Lichtjahre zurückschauen, die Sternentstehung auch in den Zentren der großen Galaxienhaufen rasant mehr und mehr wird. Die ersten paar Milliarden Jahre des Universums waren anscheinend eine ziemlich wilde Zeit. Explosive Sternentstehung, aktive Galaxienkerne, heller als alles, was wir aus dem heutigen Universum kennen. Können wir den wilden jungen Galaxien bei ihren Eskapaden zusehen? Können wir zu den Anfängen der Entstehung der ersten Galaxien reisen?

Ja. Dafür müssen wir aber hinaus in den Weltraum, hinauf in die Erdumlaufbahn.

Zurück bis zum Urknall

Mission im Orbit

Es ist der 4. Dezember 1993. Wir befinden uns 540 Kilometer über der Erdoberfläche an Bord des Space Shuttles *Endeavour*. Mit über 27 000 Kilometern pro Stunde rasen wir in gut eineinhalb Stunden einmal rund um den ganzen Planeten. Obwohl wir erst seit zwei Tagen im Weltraum sind, ist es nun schon etwa das dreißigste Mal, dass die Sonne hinter der langen, leicht gebogenen dunklen Masse der Erde für uns aufgeht – ein fast unbeschreiblicher Anblick, an den man sich nur schwer gewöhnt. Zuerst färbt sich der schmalste Streifen über der funkelnden nächtlichen Erdoberfläche leicht bläulich, dann kommt ein sanfter Hauch der anderen Farben dazu, der sich entlang des Horizonts ausbreitet. Die Farben werden schnell intensiver, und während man denkt, dass man das jetzt fotografieren müsste, ist er auch schon da, unser Plasmaball. In einem plötzlichen und intensiven Aufleuchten, wie eine gigantische Explosion, breitet sich das Sonnenlicht vor dem schwarzen Nichts des Weltraums aus. Das ganze Spektakel dauert bei der absurden Geschwindigkeit des Shuttles nur etwa 30 Sekunden. Dafür passiert es aber auch 15 bis 16 mal jeden Tag. In einer Dreiviertelstunde wird die Sonne dann genauso schnell wieder hinter dem gegenüberliegenden Horizont verschwinden. Im Moment ist sie aber gerade hoch über uns, beziehungsweise unter uns, denn wir fliegen ja kopfüber um die Erde, die eigentlich über uns schwebt. Mit oben und unten ist es im Weltraum natürlich nicht so weit her, oben ist immer woanders.

»Da ist es. Ich hab's.«, sagt Jeffrey, während er mit dem Fernglas nach vorne aus dem Fenster des Shuttles schaut. Seine Stimme ist sehr ruhig, viel zu ruhig für das, was er da gerade entdeckt hat. Er reicht mir das Fernglas. Tatsächlich! Da ist es, das Hubble-Weltraumteleskop, das beste Teleskop der Welt. Na ja, leider noch nicht ganz, aber nach unserer Mission wird es das hoffentlich sein. Wir sind schließlich hier, um das kurzsichtige Weltraumteleskop zu reparieren.

Seit zwei vollen Tagen fliegen wir der kleinen Blechschüssel nun schon hinterher. In der Erdumlaufbahn ist das Shuttle nach nur etwa 8 Minuten, die langsame Annäherung an unser Ziel aber dauert zwei Tage. Das ist fast so, als würde man mit dem Auto zum nächsten Supermarkt fahren und würde dann zwei Tage zum Einparken brauchen. Die fast schmerzlich langsame Annäherung ist notwendig, um genau das gleiche Orbit mit genau der gleichen Geschwindigkeit zu erreichen, schließlich wollen wir das Ding ja einfangen. Und schnell hinfliegen und dann abbremsen funktioniert im Weltraum nicht, zumindest nicht, ohne eine absurde Energiemenge aufzuwenden. Wir haben uns daher die letzten 48 Stunden dem Teleskop mit jedem Orbit um 110 km angenähert. Wir hatten natürlich genug zu tun, Tests, Checks, Inspektionen der Raumanzüge und Vorbereitungen für die kommende Mission.

Trotzdem ist es zu siebt schon recht eng hier. Ich teile mir mit meinen sechs Kollegen die zwei Passagierdecks des Shuttles. Dabei waren bei anderen Missionen schon bis zu acht Astronaut:innen an Bord. Platz wäre sogar für bis zu zehn Personen, was aber noch bei keiner Mission ausgereizt wurde. Das Shuttle sieht zwar geräumig aus, aber der meiste Platz ist natürlich für die Nutzlast reserviert. Der Laderaum macht ja den ganzen Körper des Shuttles aus. Die *passenger decks* befinden sich vorne, quasi nur in der Spitze des Flugobjekts. Auf zwei engen Ebenen ist alles untergebracht, was wir auf unserer Mission brauchen. Oben ist das Flightdeck mit den großen Fenstern und den Controls sowie den Sitzen des Piloten und Kommandanten. Im Deck darunter, das man über eine Leiter erreicht, befindet sich hauptsächlich Stauraum, aber auch alles andere: eine Mini-Küche, ein Tisch, die Hygienestation mit Toilette und vier Schlafkojen, wovon eine aus Platzmangel vertikal angebracht ist. Aber gut, das ist hier in Wirklichkeit ja egal, wir sind im Weltraum, da schläft man sowieso schwebend. Außerdem fliegen wir ja, wie gesagt, auch verkehrt herum um die Erde, also mit dem Laderaum zur Erde hin gerichtet. So können wir abgeschirmt vom Rest des Weltraums in Ruhe arbeiten.

»Da stimmt was nicht«, sagt Jeffrey, Augen wieder am Feldstecher. Um Himmels willen, was hatte er entdeckt? Es war ein ordentlicher Knick in einem der beiden großen *solar panels*, die das Hubble mit Energie versorgen. Wie bei einem unglücklichen Armbruch steht das Ende eines der beiden Paneele in einem steilen Winkel ab. Das ist aber für uns kein Grund zur Sorge, wir haben ja zwei frische Paneele in unserem Laderaum. Die Solarzellen zu ersetzen, ist ein wichtiger Teil unserer Mission. Nicht wegen des Armbruchs, sondern weil sich ein anderes Problem manifestiert hat: Die Solarzellen haben das Teleskop zum Wackeln gebracht. Sie haben sich unerwarteter Weise im Laufe eines Orbits durch die Temperaturunterschiede periodisch hin- und herbewegt. Das Teleskop heizt sich natürlich auf, wenn es in der Sonne fliegt, und kühlt wieder ab, wenn es im Erdschatten die Nachtseite des Planeten überquert. Das Herumwackeln der Paneele hatte bewirkt, dass das Teleskop seine Ausrichtung beim Beobachten nicht halten konnte und längere Belichtungen dadurch unscharf wurden. Ein weiteres der Probleme, das wir im Laufe unserer Mission beheben würden.

Den ganzen 3. Tag sind wir, beziehungsweise hauptsächlich Sox, unser Pilot, damit beschäftigt, sich langsam aber sicher an das Teleskop heranzumanövrieren. Er fliegt uns mit gezielten Bremsmanövern auf weniger als 10 Meter Entfernung an das Hubble heran. Das Teleskop hat ja selbst keine Motoren, keinen Antrieb, auch nicht zur Bahnkorrektur. Es schwebt vollkommen antriebslos durch den Weltraum, im wahrsten Sinne des Wortes. Wie kann sich das Ding dann bewegen, um verschiedene Objekte anzuvisieren? Die Lösung ist genial: Es verwendet die Bewegungsgesetze von Sir Isaac Newton, das dritte, um genau zu sein: *actio* und *reactio*. Jede Kraft hat eine Gegenkraft zur Folge. Wenn ich etwas anschubse, bewege ich mich auch nach hinten. Auf der Erde geht diese Kraft oft in der Reibung unter und wird in Wärme umgewandelt, aber im Weltraum funktioniert das Prinzip einwandfrei.

In der Tat ist es die einzige Möglichkeit, sich im Weltraum zu bewegen, man kann sich ja an nichts abstoßen, wie wir es auf der Erde die ganze Zeit tun. Das Teleskop verwendet, um sich zu bewegen, Reaktionsräder. Das sind schwere Schwungräder, die man auch von Turbinen kennt, nur kleiner. Wenn sich die Reaktionsräder zu drehen beginnen, dreht sich das Teleskop in die andere Richtung. So kann das Hubble langsam, aber sicher, überallhin gedreht werden – 15 Minuten braucht es für eine 90-Grad-Drehung. Das wirklich Wichtige bei Hubbles Bewegung ist aber die Feinabstimmung und Stabilität. Das Teleskop muss seine Ausrichtung extrem genau halten können, um Objekte im fernen Universum beobachten zu können. Diese Feinabstimmung übernehmen kleine Kreisel, die sogenannten Gyroskope, die nach Bedarf ein- und ausgeschaltet werden können. Insgesamt hat das Hubble sechs Gyroskope, zwei für jede Raumrichtung. Die kleinen Dinger sind sehr empfindlich, darum die Redundanz. Aber wenn mehr als drei der sechs kleinen Kreisel ausfallen, kann das Teleskop seine Genauigkeit nicht mehr halten, und die Beobachtungen werden damit praktisch unbrauchbar. Darum werden die Gyroskope auch regelmäßig ausgetauscht. Wir sollen bei unserer Mission die ersten beiden Module durch neue Gyroskope ersetzen. Die Präzision, mit der die Gyroskope die Position des Hubbles halten können, ist phänomenal. Würde man vom Hubble aus einen Laser auf die Erde richten, so könnte man damit problemlos das Auge von George Washington auf einer Vierteldollarmünze aus etwa 14 km Entfernung anstrahlen, ohne danebenzuleuchten.

Jetzt hängt es also etwa 10 Meter neben uns ruhig und stabil im Weltraum. Damit beginnt Claudes Arbeit. Unser Europäer an Bord ist der Spezialist für den *Canadarm*, oder ganz korrekt das *remote manipulator system* – ein Roboterarm, der an der Seite des Spaceshuttles angebracht ist und verwendet wird, um die Nutzlast zu bewegen oder Satelliten einzufangen – oder eben ab und zu auch ein Weltraumteleskop. Der Arm, der von einer speziellen Konsole im Shuttle aus gesteuert wird, ist insgesamt über 15 Meter lang und einem menschlichen Arm nachempfunden. Er ist mit einem Schultergelenk an der Ladebucht des Shuttles angebracht und hat zwei weitere Gelenke, also einen Ober- und Unterarm, und eine Art Hand. Damit können Massen von fast 30 Tonnen herumgeschoben werden. Unter der Schwerkraft der Erde könnte der Roboterarm nicht mal sein eigenes Gewicht heben. Das ist der berühmte Unterschied zwischen Masse und Gewicht. Masse ist eine Eigenschaft eines Dings. Gewicht ist die Kraft, die auf diese Masse wirkt, wenn etwas anderes Großes, Schweres in der Nähe ist, wie zum Beispiel die Erde. Um Masse zu bewegen, brauche ich auch eine gewisse Kraft, aber um das Gewicht der gleichen Masse zu heben, braucht es viel mehr Kraft:

Es muss ja gegen die Schwerkraft der ganzen Erde angehoben werden. Meine Masse ist auch hier oben die Gleiche wie auf der Erde, aber ich habe im Moment kein Gewicht. Man kann sich vorstellen, wie leicht es ist, eine Person auf einem Skateboard zu schieben, und wie schwer es wäre, die gleiche Person zu tragen. Claude hat in der Zwischenzeit das Hubble erfolgreich mit der Hand des Canadarms gepackt und schiebt und dreht es nun langsam, bis es aufrecht am Ende der Ladebucht zu stehen kommt und fixiert wird. Die 13 Meter lange Teleskopröhre glitzert in ihrem Kleid aus Mylar, dem Isoliermaterial, das wie Alufolie aussieht, in der Sonne, während Australien und dann der Pazifische Ozean unter uns vorbeiziehen.

Wie es zum Hubble Space Telescope kam

Ihr habt es euch vermutlich schon gedacht: Ich war bei der Reparaturmission des Hubble Space Telescopes leider nicht persönlich dabei. Ich habe mir erlaubt, die Erfahrungen der Missionsspezialistin Kathryn Thornton nachzuempfinden, die mit ihren Kollegen, dem Kommandanten Richard Covey, dem Piloten Kenneth Bowersox, und den vier anderen Missionsspezialisten, Claude Nicollier, Jeffrey Hoffman, Story Musgrave und Thomas Akers unterwegs war. Für das erfahrene Team an Missionsspezialist:innen war es der dritte, vierte oder sogar fünfte Einsatz im Weltraum. Nur für den ESA-Astronauten Claude Nicollier, den einzigen Nicht-US-Amerikaner an Bord, war es erst die zweite Weltraummission. Warum war ein relativ unerfahrener Ausländer bei einer NASA-Weltraummission dabei? Abgesehen von seiner zentralen Rolle als Spezialist für den Canadarm war seine Anwesenheit auch von symbolischer Bedeutung. Denn ohne die europäische Beteiligung an dem Projekt würde es das Hubble wahrscheinlich nicht geben.

Fast ein ganzes Jahrzehnt hatte sich die *Large Space Telescope Science Steering Group* der NASA beim US-Kongress für das Projekt eingesetzt. Die ersten Finanzierungsanträge wurden allesamt abgelehnt. Erst als die Europäische Weltraumagentur ESA anbot, in das Projekt einzusteigen und 15 % der Kosten zu übernehmen, wurde 1977 die Finanzierung des großen Weltraumteleskops, des *Large Space Telescope,* bewilligt. Das sollte für die nächsten Jahre auch der Name des Projekts sein: LST – *Large Space Telescope.* 1983 wurde dann ein eigenes Institut gegründet, das *Space Telescope Science Institute STScI*, das fortan die wissenschaftliche Leitung des Teleskops übernehmen sollte. Der Launch war für 1983 geplant, wurde dann aber wegen ein paar kleinerer Probleme auf 1986 verlegt. In der Zwischenzeit bekam das Large Space Telescope dann auch seinen heutigen Namen: *Hubble Space Telescope* (HST), benannt nach Edwin Hubble, der nicht nur damals den ersten Cepheiden in Andromeda fand, sondern danach auch die Expansion des Universums entdeckte.

1986 war leider ein desaströses Jahr für die Raumfahrt, vor allem für die NASA und ihr Space Shuttle Programm. Nach der tragischen Explosion der *Challenger* wurden alle Missionen vorerst eingestellt und die gesamte Flotte für zwei Jahre sorgfältig untersucht. Das Hubble wurde in der Zeit überholt und verbessert und schließlich Ende April 1990 mit der *Discovery* in die Erdumlaufbahn befördert.

Die Idee hinter dem Hubble war ja, ein langlebiges Weltraumteleskop zu designen. Wie konnte ein Teleskop in hunderten Kilometern Höhe, weit weg von der Erdoberfläche, in der schnelllebigen Welt der Wissenschaft über mehr als ein Jahrzehnt *state-of-the-art*, also immer noch auf dem neuesten Stand bleiben? Es mussten sich ja mit der Zeit immer neue wissenschaftliche Fragen ergeben, die nach neuen Instrumenten und Detektoren verlangten. Das Teleskop musste deshalb trotz seiner Position in der Erdumlaufbahn einfach zu reparieren sein. Aber vor allem musste die Möglichkeit von Upgrades bestehen. Das Design des Hubble ist daher modular, es besteht quasi aus einzelnen kleinen Boxen, die die eigenständigen Instrumente samt Kabel und allem Drum und Dran enthalten, und die so astronautenfreundlich im Weltraum ausgetauscht oder repariert werden können.

Dafür brauchte man aber natürlich auch ein dementsprechendes Raumfahrzeug, das ebenso flexibel einsetzbar war: das Space Shuttle. Es war das Symbol des neuen Zeitalters, in dem kurze, wiederholte Arbeitseinsätze im Weltraum zur Realität werden sollten. Das HST und das Spaceshuttle wurden im Endeffekt co-designt. So wurde zum Beispiel die Größe des Teleskops mit seinen 13,2 Metern Länge und 4,2 Metern Durchmesser genau an den Laderaum des Shuttles angepasst. Im ursprünglichen Design des HST war ein Hauptspiegel mit 3 Metern Durchmesser geplant, der dann aber, auch aus Kostengründen, auf 2,4 Meter reduziert wurde.

Das vorausschauende Design der Reparierbarkeit und Austauschbarkeit seiner Komponenten sollte zur Grundlage für den Erfolg des Hubble Teleskops werden. Bevor es aber zu einer der erfolgreichsten wissenschaftlichen Missionen in der Geschichte der Menschheit werden sollte, gab es noch ein klitzekleines Problem.

Die Titanic der Erdumlaufbahn

Es war der 20. Mai 1990 und alle waren da. Das wissenschaftliche und technische Personal, das dafür verantwortlich war, alle Systeme des Teleskops hochzufahren und zu überprüfen, Astronom:innen und Ingenieur:innen der fünf Instrumente des Hubble, die schon Tests und Kalibrierungen durchführten, hochrangige *Officials* und Manager:innen der Firmen, die am Bau und an der Entwicklung des Teleskops beteiligt waren. Vertreter:innen der ESA und Expert:innen aus aller Welt, die auf die eine oder andere Weise am *Large Space Telescope*-Projekt beteiligt waren. Sehr zum Missfallen der Wissenschaftler:innen hatten hohe Beamt:innen der NASA zudem der Presse zugesagt, beim *First Light* des Hubble dabei sein zu dürfen. Die ersten Bilder eines neuen Teleskops, das sogenannte *First Light*, ist normalerweise eine wenig spektakuläre Angelegenheit. Es ist ganz normal, dass verschiedene Dinge am Anfang noch nicht ganz passen, dass der Fokus nicht ganz stimmt oder die Detektoren noch nicht richtig kalibriert sind. Darum wählt man für so ein erstes Bild meistens einen Stern aus, eine Punktquelle, mit der die Optik des Teleskops am besten getestet werden kann. Beim Hubble war es HD 96 755 im offenen Sternhaufen NGC 3532. Ein Stern gibt aber meist ästhetisch nicht so viel her, das *First-Light*-Bild des Hubble würde erwartungsgemäß, auch wenn alles perfekt lief, unspektakulär aussehen und war ganz sicher nicht das, was Journalist:innen und die Öffentlichkeit von einem Milliarden Dollar teuren Instrument erwarteten. Die Wissenschaftler:innen waren besorgt, dass ihr Baby in einem schlechten Licht dastehen würde. Noch dazu kann bei einem Weltraumteleskop natürlich alles Mögliche schiefgehen. Wer weiß, ob das Licht überhaupt bis zur Kamera durchkommen würde? Die Stimmung war dementsprechend angespannt. Und dann kamen die Bilder. Darauf zu sehen: ein paar runde helle Sterne. So weit, so gut. Die Auflösung des Bildes wurde mit der gleichen Aufnahme eines ähnlich großen Teleskops auf der Erdoberfläche verglichen – eine eindeutige Verbesserung. Okay. Aber irgendetwas stimmte mit den Bildern trotzdem nicht. Sie waren eindeutig nicht so scharf, wie erwartet. Die Fragen der Medienvertreter:innen (»Soll das so aussehen?«) wurden eher defensiv beantwortet: Die Qualität der Bilder sei zwar noch nicht ideal, aber zu erwarten gewesen. Nun müssten die Daten sorgfältig analysiert und überprüft werden, damit die Optik und die Instrumente des Teleskops optimiert werden können.

Nach den ersten Tests war auch schnell klar, was das Problem war: Die Sterne in der Aufnahme waren nicht gut fokussiert, sie enthielten nur einen Bruchteil des beobachteten Lichts, genau nur etwa 15 %, der Rest war diffus um die Sterne herum und über das ganze Bild verteilt. Das sollte natürlich nicht so sein. Es sah auf den ersten Blick fast so aus, als habe der Spiegel des Hubble einen der gewöhnlichsten aller optischen Fehler: Es wirkte wie eine sphärische Aberration. Dabei laufen die Lichtstrahlen, die vom Rand einer Linse oder eines Spiegels kommen, nicht im gleichen Punkt zusammen wie die Lichtstrahlen, die die Mitte der Optik durchqueren. Das Bild kann daher nicht richtig fokussiert werden. Wie der Name *sphärisch* schon suggeriert, gibt es diesen Fehler bei kugelförmig geschliffenen Oberflächen; er sollte daher bei einem hyperbolisch geschliffenen Spiegel, wie dem des Hubble, überhaupt nicht vorkommen. Natürlich war die Form des Spiegels immer wieder exakt vermessen und geprüft worden; niemand hielt es für möglich, dass der PerkinElmer Corporation, einem renommierten Hersteller von optischen Instrumenten aller Art, so ein grundlegender Fehler passiert war. Viel wahrscheinlicher war es, dass die extremen Temperaturen im Weltraum und Bedingungen beim Start des Space Shuttles den Hauptspiegel oder andere Komponenten der Optik verschoben oder verzerrt hatten. Hauptspiegel und Sekundärspiegel waren verschieb- und drehbar, um den optimalen Fokus nachträglich einzustellen. Alles Erdenkliche wurde probiert, aber die Korrekturen halfen nichts. Die Wellenfrontsensoren wurden eingesetzt, um kleine Verformungen der Optik zu detektieren und auszugleichen, aber: nichts. Der Sekundärspiegel wurde verschoben und geneigt: nichts. Ein Team von Astronom:innen unter der Leitung von Sandy Faber wurde beauftragt, die Ursache für die unerklärliche Unschärfe des Hubble zu finden. Test über Test wurde durchgeführt, alle nur erdenklichen Fehlerquellen und potenziellen Ursachen wurden ersonnen, überprüft und eliminiert, aber es ließ sich einfach nicht ausmachen, was es war. Das Problem war dermaßen vereinnahmend, dass es Faber und ihrem Team schlaflose Nächte bereitete. Eine bleierne Frustration machte sich breit. Bis die Astronom:innen das Undenkbare in Betracht zogen: War es doch einfach eine sphärische Aberration? War einer der Spiegel falsch geschliffen worden? Nach ein paar schnellen Tests waren Faber und ihr Team überzeugt, dass das die einzige mögliche Erklärung war. Es muss ein furchtbarer Moment gewesen sein, als sich die Vermutung erhärtete und plötzlich der Gewissheit wich, dass der Hauptspiegel des Hubble Space Teleskops schlicht und einfach die falsche Form hatte. Es stellte sich heraus, dass der Rand des Spiegels zu flach geschliffen worden war. Es war nach außen hin etwas zu viel Glas weggenommen worden. Der Fehler betrug weniger als eine Haaresbreite, und zwar etwa 2 Mikrometer, was ungefähr einem Fünfzigstel der Dicke eines menschlichen Haares entspricht. Aber trotzdem, die meisten der geplanten Beobachtungen waren dadurch unmöglich geworden. Die grundlegend falsche Form des Hauptspiegels ließ sich auch nicht durch nachträgliche Berechnungen oder Korrektursoftware ausgleichen. Das teuerste Teleskop der Welt war kaputt.

Und wie war das Unmögliche passiert? Beim Schleifen des

Spiegels war ein fehlerhaftes Gerät verwendet worden. Fehler können immer passieren, aber wieso um Himmels Willen hatte man das bei den umfangreichen Tests vor dem Launch des Teleskops nicht bemerkt? Anscheinend wurde das gleiche Gerät beim Schleifen selbst wie auch bei der Überprüfung des fertigen Schliffs verwendet. Dieses Gerät, der sogenannte Null-Korrektor, maß, wie viel Glas beim Schleifen des Spiegels noch entfernt werden musste, UND er überprüfte im Nachhinein die Form des Spiegels. Ein logischer Fehler, der nicht hätte passieren dürfen. Im Nachhinein stellte sich auch heraus, dass der Spiegel-Hersteller den Fehler sogar bemerkt, diese Messungen aber ignoriert und nicht an die NASA weitergeleitet hatte. Die Firma würde im Nachhinein im Rahmen einer außergerichtlichen Einigung zustimmen, 15 Millionen Dollar Schadenersatz zu zahlen. Auf dem Image-Schaden blieben die NASA und das HST-Projekt aber trotzdem sitzen. Die Medien hatten das Thema natürlich ausgeschlachtet. Kein Wunder, wurde doch ein Milliarden Dollar teures Instrument durch einen simplen optischen Fehler unbrauchbar. Die NASA schien ihre Vorreiterrolle in Wissenschaft, Technologie und Innovation verloren zu haben. In seinem ersten Jahr wurde das Hubble zur Lachnummer und zum Inbegriff der Geldverschwendung. In der *Nackten Kanone 2½* hängt in der tristen Bar, in der Frank Drebin seine Sorgen ertränkt, neben der Titanic und der Hindenburg ein Bild des HST an der Wand.

Das Hubble bekommt eine Brille

Die Wissenschaftler:innen des Hubble aber gaben so schnell nicht auf. Sie stellten sich die Frage: Was machen wir jetzt bloß? War das Teleskop wirklich unbrauchbar, oder konnten zumindest einige seiner wissenschaftlichen Ziele noch erreicht werden? Was war auch mit dem optischen Fehler möglich, und wie konnte man damit arbeiten? Oder gab es vielleicht doch noch einen Weg, das Teleskop zu reparieren? Viele Komponenten des Teleskops waren ja so designt, dass sie austausch- und reparierbar waren. Nicht aber der Hauptspiegel, das Kernstück jedes Teleskops. Glücklicherweise war das aber gar nicht notwendig. Detaillierte Messungen ergaben, dass der Schliff des Spiegels zwar falsch, aber eben extrem exakt falsch war. Diese Genauigkeit des Fehlers bot die Möglichkeit einer mehr oder weniger einfachen Korrektur: durch einen anderen, entsprechend geschliffenen Spiegel konnte die zu flache Krümmung des Hauptspiegels ausgeglichen werden. Das Hubble würde einfach eine Brille bekommen.

Jetzt blieb nur noch die Frage, wo diese Brille am besten angebracht werden sollte. Wie wäre es mit einem neuen Sekundärspiegel? Könnte nicht vielleicht ein Astronaut oder eine Astronautin ins Teleskop hineinkriechen und den Sekundärspiegel austauschen? Schon bei dem Gedanken wird einem etwas unwohl. Eine komplexe Reparatur im Weltraum ist ein riskantes und schwieriges Unterfangen. Die Bewegungsfreiheit im Raumanzug ist sehr eingeschränkt, jeder Handgriff ist in der Schwerelosigkeit ungewohnt, während sich außerdem mit etwa 27 000 km/h die Erde unter dir wegdreht.

Woher kommt die Schwerelosigkeit im Weltraum? Ist doch klar, denkt man schnell, im Weltraum gibt es keine Schwerkraft! Das ist aber natürlich Blödsinn. Die Schwerkraft der Erde ist in der Höhe des Space Shuttles geringer als auf der Oberfläche, beträgt aber immer noch etwa 90 % davon. Die Schwerelosigkeit kommt durch den freien Fall zustande. In der Erdumlaufbahn zu sein, bedeutet, permanent an der Erde vorbei zu fallen. Man fällt auf die Erde zu, bewegt sich aber schnell genug, um sie die ganze Zeit zu verfehlen. In der Tat hat ein Objekt in der Umlaufbahn genau die richtige Geschwindigkeit, um weder auf die Erde herunterzufallen, noch von ihr wegzufliegen. Diese rasante Geschwindigkeit birgt natürlich auch andere Risiken: Eine verlorene Schraube zum Beispiel würde bei den etwa 27 000 km/h, mit denen das HST unterwegs ist, zum tödlichen Geschoss mutieren. Reparaturen im Weltraum sind einfach kein guter Ort für riskante Experimente und müssen so einfach wie möglich gehalten werden.

Warum also nicht in den Instrumenten selbst Korrekturspiegel anbringen? Die Idee kam von John Trauger, leitender Wissenschaftler der *Wide Field Planetary Camera 2*. Die WFPC2 – sprich *wiff pic two* – war das erste Ersatzinstrument des Hubble, das erste Instrument der 2. Generation, das die aktuelle WFPC, das Originalinstrument, in ein paar Jahren ersetzen sollte. Trauger machte den Vorschlag, dass die notwendigen Korrekturspiegel einfach ins Innere des Instruments eingebaut werden könnten. Keine langwierige Weltraumreparatur, sondern eine einfache Modifikation des zukünftigen Instruments auf der Erde. Alle Instrumente des Hubble würden ja früher oder später ausgetauscht werden, das war ja sowieso der Plan. So entstand dann auch die Idee von COSTAR, dem Corrective Optics Space Telescope Axial Replacement.

COSTAR, eine silberne Box von der Größe einer Telefonzelle, enthält in seinem Inneren eine ausgeklügelte Anordnung von fünf Spiegelpaaren, die für die verschiedenen Instrumente des Hubble die passende optische Korrektur liefern würden. Dank des vorausschauenden modularen Designs und der einfach austauschbaren Komponenten konnten die verschiedenen Korrekturspiegel so vor den Instrumenten des Hubble angebracht werden. Dem Hubble wurde also nicht nur eine, sondern gleich eine Reihe von Brillen verschrieben. Jedes Instrument würde seine eigene Brille bekommen, die von COSTAR genau an der richtigen Position vor dem jeweiligen Instrument platziert wurde. Auf einer Art Mast waren die Korrekturspiegel auf kleinen, ausfahrbaren mechanischen Armen angebracht. Nachdem COSTAR ins Teleskop eingesetzt worden war, würden sich diese Arme entfalten und die kleinen »Brillen« direkt vor dem jeweiligen Instrument in Position bringen. Um für das COSTAR-Modul Platz zu schaffen, musste zwar ein Instrument des HST geopfert werden, dafür aber würden die drei anderen Instrumente dadurch wieder voll funktionsfähig sein. Das vierte und ganz neue Instrument, die WFPC2, hatte die notwendige Korrektur ja schon eingebaut, genauso, wie alle anderen zukünftigen Instrumente.

Kathryn Thornton und ihre sechs Kolleg:innen sollten das Hubble Weltraumteleskop in einer der komplexesten aller Shuttlemissionen, der fast 11 Tage dauernden STS-61, höchst erfolgreich reparieren. Im Rahmen von fünf Spacewalks verbrachten die beiden Astronautenpaare insgesamt 35 Stunden und 28 Minuten im Weltraum. Viele der Aufgaben wurden dabei sogar viel schneller erledigt als geplant. So wurde die WFPC durch die neue WFPC2 von den beiden Astronauten Hoffman und Musgrave in nur etwa 40 Minuten statt der geplanten 4 Stunden ersetzt. Das COSTAR-Modul wurde von Thornton und Akers ins Hubble eingebaut. Bei den Reparaturen wurden die Spacewalker, um Zeit zu sparen, von Claude Nicollier mit dem Canadarm durch die Gegend kutschiert. Nach ihrer Landung würden sie ganz nebenbei 7 Millionen Kilometer zurückgelegt haben.

So bekam aber nicht nur das Hubble seine volle Funktionsfähigkeit zurück, auch die NASA konnte ihr angeschlagenes Image wieder rehabilitieren. Über die folgenden Jahre wurde schnell klar, dass der wahre Star der Reparaturmission aber nicht COSTAR war, sondern die neue Kamera des Teleskops, die WFPC2. Wenn wir an die Bilder des Hubble denken, sind es fast immer Bilder der WFPC2. Seien es die gigantischen Säulen aus Staub und Gas im Adlernebel, die berühmten *Pillars of Creation*, oder bunt leuchtende Überreste von explodierten Sternen, wie der Krebsnebel, pittoreske Galaxien wie M51 oder das Hubble Deep Field – die WFPC2 hat es auf einzigartige Weise geschafft, unsere Vorstellungskraft herauszufordern und unsere Neugierde zu entfachen.

Das Weltraumteleskop hatte aber auch ganz praktische Konsequenzen für die Weltraumforschung. Der Ansatz, den Weltraum als Arbeitsplatz zu verstehen und auch so zu verwenden, war mit dem Space-Shuttle-Programm Realität geworden. Ohne diese Expertise hätte wohl auch die internationale Raumstation nicht gebaut werden können. Die ISS wurde ja ebenso modular entwickelt und im wahrsten Sinne des Wortes Stück für Stück in den Weltraum geschossen und vor Ort zusammengebaut. Das Hubble und seine Servicing Missionen waren also eine Art Versuchsfeld für spätere noch bevorstehende Weltraumabenteuer. Die letzte dieser Missionen, bei der übrigens auch COSTAR wieder entfernt wurde, fand 2009 statt. Seitdem ist das Hubble auf sich allein gestellt und muss ohne weitere Reparaturen auskommen. Und auch das Space-Shuttle-Programm ist mittlerweile Geschichte. Am 21. Juli 2011 ist die *Atlantis* als letztes Shuttle in Cape Canaveral gelandet. Das HST ist allerdings noch lange nicht in Rente, es ist mittlerweile in seinem 32. Lebensjahr und nach wie vor eines der besten Teleskope, die wir haben. Die *Endeavour* steht mittlerweile in einem Museum, aber das Hubble befindet sich im Moment 537 km über unseren Köpfen.

Die Reparaturmission im Dezember 1993 war also ein voller Erfolg und das Weltraum-Auge lieferte von da an tatsächlich gestochen scharfe Bilder. Nach seiner erfolgreichen Reparatur stand dem Hubble praktisch das ganze Universum offen. Was sollte es zuerst beobachten? Die Auswahl war gar nicht so einfach. Es sollte ja nicht nur eine spannende wissenschaftliche Fragestellung beantworten, sondern auch ein paar spektakuläre Bilder liefern. Das Hubble funktionierte unbestritten wieder einwandfrei, musste sich aber nach dem Fokus-Fiasko seinen guten Ruf erst wieder erarbeiten und der Öffentlichkeit zeigen, dass es das ganze Geld auch wirklich wert war.

Mit dem Weltraumteleskop könnte eigentlich fast alles besser beobachtet werden als mit Teleskopen unterhalb der Erdatmosphäre, zumindest alles, was von extrem scharfen, hoch aufgelösten Aufnahmen profitierte. Die entscheidende Frage war aber nicht, was mit dem HST besser aussehen, sondern, wofür es wirklich einzigartig gut geeignet sein würde. Wofür würde sich Robert Williams, der wissenschaftliche Leiter des HST entscheiden? Auf welches extraterrestrische Objekt würde er die schärfsten Augen der Menschheit richten?

Aber Moment mal, so funktioniert die Vergabe der Beobachtungszeit an den großen Teleskopen doch nicht, oder? Der Chef entscheidet, was beobachtet wird? Die meiste Zeit an Teleskopen wird auf andere Art vergeben: Es sind langwierige Prozesse, in denen sich Astronom:innen mit ihren klar dargelegten und sorgfältig durchgerechneten Ideen bei der Jury des jeweiligen Teleskops, die aus anderen Astronom:innen besteht, bewerben. Nur ein kleiner Prozentsatz, also nur die besten, glaubwürdigsten und spannendsten Vorschläge, kommt in die nächste Runde und wird schlussendlich beobachtet. Aber tatsächlich gibt es an den meisten Teleskopen auch diese andere Art der Beobachtungszeitvergabe: die *directors discretionary time* oder DDT. Die Entscheidung, was in dieser Zeit beobachtet wird, obliegt den Leiter:innen der Institution, die das Teleskop betreibt. Beim Hubble sind es etwa 10 % der verfügbaren Beobachtungszeit, die durch die DDT vergeben werden. Alle Wissenschaftler:innen können diese Zeit beantragen, aber die Idee ist schon, dass dieses spezielle Kontingent für besonders spektakuläre, dringende oder unerwartet aufgetretene Phänomene verwendet wird.

Man kann sich vorstellen, dass große Teleskope und ihre Direktor:innen generell ungern Risiken eingehen. In Beobachtungsanträgen muss klar und deutlich argumentiert werden, was von den Beobachtungen erwartet wird. Die Ergebnisse müssen in Fachzeitschriften veröffentlicht werden, und je mehr Papers, desto mehr Förderungen, um so mehr Jobs und Ansehen gibt es dafür. Der Betrieb eines großen Teleskops ist teuer, beim HST sind es etwa 100 Millionen Dollar pro Jahr oder 3 $ pro Sekunde, und die Geldgeber – meist die öffentliche Hand – wollen spektakuläre Ergebnisse sehen.

Robert Williams, der damalige Director des *Space Telescope Science Institute*, das für das Hubble verantwortlich ist, hatte allerdings eine andere Idee. In diesen schwierigen Anfangszeiten des HST wollte er ein ziemlich riskantes Projekt durchführen, das im Nachhinein betrachtet die Erforschung des frühen Universums und der Entstehung von Galaxien revolutionieren sollte: das Hubble Deep Field.

Wie sah dieses aufregende und prestigeträchtige Projekt im Detail aus? Williams beschloss in seiner DDT-Zeit, das HST auf einen scheinbar leeren Fleck am Himmel zu richten, und zwar durchgehend, ganze 10 Tage lang. Ein leeres Bild also zu einem

Preis von etwa 3 Millionen Dollar – war er denn verrückt geworden?

Nicht ganz. Williams hatte sich die Frage, was passieren würde, wenn man das HST, das beste Teleskop der Welt (beziehungsweise in einer Umlaufbahn um diese) 10 Tage lang einen scheinbar leeren Fleck des Universums beobachten ließe, sehr genau gestellt. Das Teleskop würde mit seinen 2,4 Meter großen Augen das Licht aller Objekte, aller bisher unbeobachtbar gebliebenen, schwach vor sich hin glimmenden Sterne aller weit entfernten Galaxien bis an den Rand des beobachtbaren Universums sammeln, konzentrieren, vergrößern und für uns sichtbar abbilden. Es wäre eine Art kosmische »Tiefenbohrung«, eine Bohrkernprobe des Weltalls, die bis in die Urzeiten der Entstehung der ersten Galaxien vordringen und sie für uns ans Licht holen sollte.

Aber ob das tatsächlich gelingen würde, war vollkommen unklar. Niemand wusste, wie viele Sterne und vor allem, wie viele Galaxien tatsächlich in dem Bild zu sehen sein würden. Wie viele Galaxien gibt es im Universum? Gibt es genug davon, um einen nur stecknadelkopfgroßen Ausschnitt des Himmels zu füllen oder würde es ein hauptsächlich leerer Fleck bleiben? Es gab Vermutungen, dass es sehr viele Galaxien im frühen Universum geben muss, man sah die Anzeichen dafür zum Beispiel schon in anderen neuen Bildern des Hubble. Aber so tief ins Universum hatte bis dahin noch niemand geblickt. Ein Teleskop ist ja immer auch eine Zeitmaschine, eine Raum-Zeit-Maschine, um genau zu sein. Zur Zeit, als das Hubble Deep Field geplant wurde, hatten wir schon viele Galaxien beobachtet, die so weit von uns entfernt sind, dass ihr Licht etwa 7 Milliarden Jahre bis zu uns gebraucht hat, also das halbe Alter des Universums. Wir sahen mit anderen Teleskopen schon Momentaufnahmen von Galaxien, zurück bis zu einer Zeit, als das Universum nur halb so alt war wie heute. Das heißt, die zweite, uns nähere Lebenshälfte des Universums, von etwa 7 Milliarden Jahren bis heute – also 13,8 Mrd. Jahre nach dem Urknall – konnten wir schon ganz gut einschätzen. Aber die andere, die erste Lebenshälfte des Universums, war noch ziemlich dunkel. Wir wussten daher auch nicht, wie hell die durchschnittliche junge Galaxie im frühen Universum leuchten würde, ob sie überhaupt mit unserer Milchstraße und den anderen Galaxien im lokalen Universum vergleichbar und für das HST detektierbar wäre. Die geplanten Aufnahmen würden buchstäblich an die Grenzen unseres beobachtbaren Universums gehen.

Natürlich wollte Williams nicht wild drauf los einfach irgendeinen leeren Fleck am Himmel ansteuern. Und die Idee und ihre genaue Umsetzung kam auch nicht nur von ihm alleine, sondern war das Ergebnis langer Beratungen in einem großen Team aus Wissenschaftler:innen, die in einem Jahr Vorbereitungszeit den idealen leeren Fleck am Himmel ausfindig machen würden. Um einen ungestörten Blick quer durch Raum und Zeit ins ferne, frühe Universum zu ermöglichen, sollten in dem kleinen Fleck keine hellen Vordergrundsterne, also uns nähere Sterne in der Milchstraße, sein und auch keine Nebel, Gas- und Staubwolken oder nahe Galaxien, die die entfernteren Galaxien verdecken könnten. Das Himmelsstück sollte auch, wenn möglich, keine hellen Quellen in anderen Wellenlängen des elektromagnetischen Spektrums enthalten, um das ausgesuchte Gebiet und die fernen Galaxien darin in Zukunft auch im Infraroten, UV-, oder Radiobereich untersuchen zu können. Ein solcher Bereich liegt daher möglichst weit von der Ebene der Milchstraße, dem milchig leuchtenden Band, das sich quer über den Himmel zieht, entfernt.

Das Bild sollte auch so lange wie möglich in einem Stück beobachtet werden können. Das Problem für ein Weltraumteleskop in einer relativ niedrigen Umlaufbahn ist, dass die nahe Erde dauernd im Weg ist. Das HST fliegt ja in eineinhalb Stunden einmal um sie herum, was bedeutet, dass der Großteil des Himmels in periodischen Abständen von der Erde verdeckt wird. Eine lange kontinuierliche Belichtungszeit funktioniert eigentlich nur, wenn das Teleskop in Richtung Nord- oder Südpol blickt, also quasi rechts oder links an der Erde vorbei, während es weiterhin nach vorne in seiner Umlaufbahn um die Erde fliegt.

Schlussendlich wurde ein unauffälliger, leerer Fleck ganz in der Nähe des Großen Wagens ausgewählt. Die Größe dieses Gebiets entspricht etwa einem Zwölftel des scheinbaren Durchmessers unseres Mondes – oder einem Stecknadelkopf in einer ausgestreckten Hand. So groß oder besser gesagt, so klein ist das Blickfeld der *WFPC2,* der Kamera des HST.

Für das endgültige Hubble Deep Field hat die WFPC2 im Dezember 1995 insgesamt 342 separate Aufnahmen über 10 aufeinanderfolgende Tage oder 150 aufeinanderfolgende Orbits des HST aufgenommen. In vier verschiedenen Filtern wurde der Himmelsausschnitt jeweils zwischen 30 und 40 Stunden lang beobachtet, um daraus ein farbiges Bild erstellen zu können und natürlich, um mehr Informationen über die Eigenschaften der Sterne und Galaxien zu bekommen.

Und das Ergebnis? Das stecknadelgroße Bild enthält erstaunlicherweise nur eine Handvoll Sterne, dafür aber ungefähr 3000 Galaxien. Das Universum ist *voll* von Galaxien. So gut wie jedes noch so klitzekleine Lichtfleckchen in dem Bild ist eine ganze Galaxie, die aus Milliarden von Sternen besteht. Es sind Galaxien, die noch nie zuvor beobachtet wurden, Galaxien in bunten Farben und in den verschiedensten Formen, Galaxien, deren Licht über die letzten 12 Milliarden Jahre bis zu uns unterwegs war. Viele dieser Galaxien sind so weit von uns entfernt, dass ihr ursprünglich sichtbares Licht durch die Rotverschiebung für das menschliche Auge unsichtbar wurde. Das starke ultraviolette Licht dieser ersten, jungen Galaxien, wurde während seiner langen Reise durch das All durch die Expansion des Raums so stark gedehnt, dass es hier bei uns nur mehr mit Infrarot-Detektoren zu sehen ist. Das Hubble Deep Field ist wie eine glitzernde Schatzkiste, randvoll mit Informationen, die beinahe das ganze Universum durchquert haben.

Und was genau haben wir in dieser Schatzkiste gefunden? Ziemlich offensichtlich war fast auf den ersten Blick, dass die Form der Galaxien früher eine andere war: Es gibt im jungen Universum viel mehr irreguläre Galaxien, also Galaxien mit unregelmäßiger Form, als in unserer kosmischen Nachbarschaft. Das klingt zunächst vielleicht nicht so überraschend, denn in dem Zeitraum, den wir mit dem Hubble beobachten, bilden sich viele Galaxien gerade erst, beziehungsweise befinden sich gerade im Prozess ihrer Entstehung und Weiterentwicklung durch die Verschmelzung mit anderen Galaxien. Allerdings hatte niemand mit derart vielen verbogenen, verzerrten, asymmetrischen oder schlichtweg komplett unregelmäßigen Systemen gerechnet. Junge Galaxien bilden sich offenbar viel turbulenter und werden viel öfter von ihren Nachbarn schikaniert und in ihrer Entwicklung gestört als angenommen. Aus dieser Beobachtung setzte sich ein neues Bild der Galaxienentstehung und Entwicklung durch. Es war die Bestätigung des *bottom-up* Modells, in dem sich größere Galaxien durch die Kollision und Verschmelzung von kleineren bilden. Endlich hatten Wissenschaftler:innen ein detailliertes Szenario des jungen Universums vor ihren Augen, das sie nun mit ihren Modellen reproduzieren konnten und natürlich auch reproduzieren mussten.

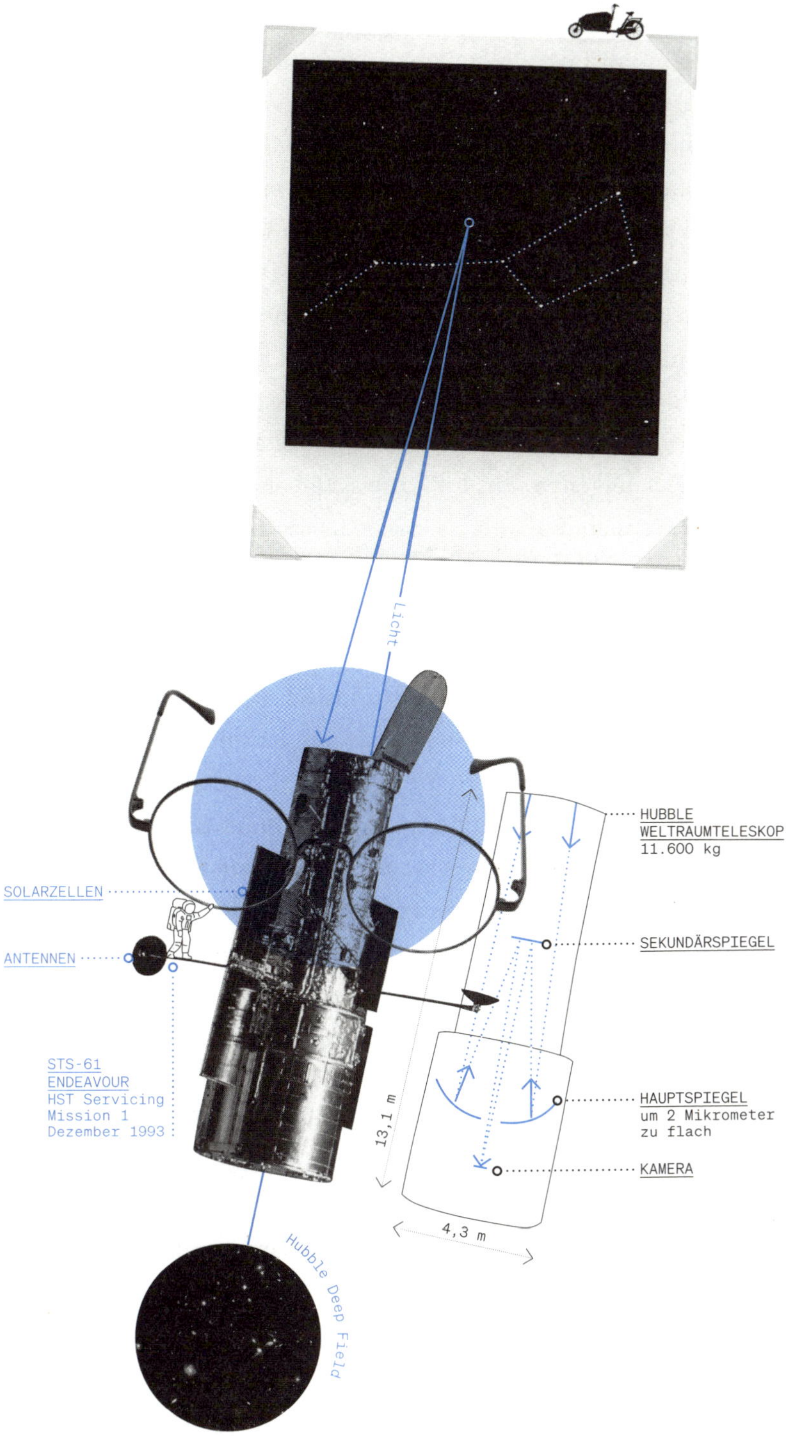
Licht
HUBBLE
WELTRAUMTELESKOP
11.600 kg
SOLARZELLEN
SEKUNDÄRSPIEGEL
ANTENNEN
STS-61
ENDEAVOUR
HST Servicing
Mission 1
Dezember 1993
HAUPTSPIEGEL
um 2 Mikrometer
zu flach
13,1 m
KAMERA
4,3 m
Hubble Deep Field

Ganz Ähnliches gilt auch für kosmologische Modelle und Simulationen des Universums. Ein gutes kosmologisches Modell muss die genaue Verteilung der Galaxien, ihre verschiedenen Größen und Farben sowie Positionen im Laufe der Zeit reproduzieren können. Um die Geometrie und Krümmung des Universums zu bestimmen, muss ich umgekehrt zuerst die Eigenschaften der Galaxien im Vergleich zu heute (statistisch) kennen und dafür korrigieren, sonst vergleiche ich ja Äpfel mit Birnen. Mithilfe des *Hubble Deep Field* (HDP) konnten Astronom:innen zum ersten Mal statistisch relevante Kataloge mit Formen, Farben, Helligkeiten und Entfernungen von Galaxien in der ersten Lebenshälfte des Universums erstellen. Damit können nun die Modelle kalibriert und die kosmologischen Parameter des Universums wieder ein Stückchen genauer bestimmt werden.

Eine andere Überraschung war die extrem geringe Anzahl von schwach leuchtenden Vordergrundsternen in der Aufnahme. Die Position des HDF war natürlich ausgewählt worden, um Objekte im Vordergrund zu minimieren, aber man hatte angenommen, dass es trotzdem noch sehr viele bis dahin unbeobachtete Objekte geben musste. Und dass sich in den äußeren Regionen der Milchstraße, also im kugelförmigen Halo der Galaxie, zahlreiche schwach leuchtende, aber doch massereiche Objekte, wie etwa riesige Planeten oder Rote und Braune Zwerge, diese Beinahe-Sterne, verstecken könnten.

Warum war das von so großer Bedeutung? Diese Objekte, die sogenannten MACHOS, waren damals ein heißer Kandidat für die mysteriöse Dunkle Materie. MACHOS steht für Massive Astrophysical Compact Halo Objects, also massereiche astrophysikalische kompakte Halo Objekte – ein typisches Beispiel für die »lustigen« Akronyme, die in der Astronomie so häufig sind. Wie dem auch sei, falls die MACHOS in großen Zahlen im Halo der Milchstraße (und dementsprechend natürlich auch in anderen Galaxien) vorhanden wären, gäbe es eine simple Erklärung für zumindest einen guten Teil der Dunklen Materie, ohne auf exotischere Arten unsichtbarer Materie zurückgreifen zu müssen. Viele dieser MACHOS, so es sie denn gäbe, hätten in der extra langen Aufnahme des Hubble sichtbar sein müssen – waren sie aber nicht. Damit wurden auch die MACHOS ein für alle Mal zu einem überholten Konzept. Und die Dunkle Materie? Die ließ sich natürlich nicht so leicht ihre Geheimnisse entlocken.

Ein Zeittunnel durchs Universum

Das Hubble Deep Field enthält erstaunlich viele, extrem weit entfernte Galaxien bis zu einer Rotverschiebung von etwa 6, deren Licht etwa zwölfeinhalb Milliarden Jahre bis zu uns unterwegs war. Das Universum rund um diese Galaxien ist nur eine knappe Milliarde Jahre alt. Aber dann, darüber hinaus, ist es plötzlich aus mit den Galaxien. Haben wir die Grenze des beobachtbaren Universums erreicht? Nein, die Vorgänge im Universum sollten bis knapp nach dem Urknall für uns beobachtbar sein – ab dem Zeitpunkt, als das Universum kühl genug war, dass Photonen frei durch die Gegend fliegen konnten. Und manche dieser Photonen müssten es auch bis zu uns geschafft haben. Warum gab es dann im Bild plötzlich keine Galaxien mehr? Gab es in der ersten Milliarde Lebensjahre des Universums noch keine? Doch, denn die Galaxien, die dann plötzlich da waren, mussten ja auch von irgendwoher kommen. Es waren teilweise schon sehr große und hell leuchtende Galaxien, die nicht einfach so aus dem Nichts erschienen sein konnten. War es ein Problem der Sensitivität? Hätte Williams das HST noch einen elften und zwölften Tag auf die gleiche Stelle halten müssen, um noch fernere Galaxien sehen zu können? Nein, das hätte in dem Fall auch nichts gebracht.

Die Lösung war den Astronom:innen eigentlich schon bekannt. Es lag an einer unglücklichen Kombination aus Rotverschiebung und *Lyman Limit*. Was das zu bedeuten hat? Dass die Galaxien sehr wohl da und im Grunde auch für uns beobachtbar, nur leider *unsichtbar* geworden waren. Ihre Farbe hatte sich durch die hohe Rotverschiebung (Faktor 7!) so stark verändert, dass das ganze Licht der Galaxie, also auch das UV-Licht für unsere Augen unsichtbar wurde. Und auch für die Augen der WFPC2, denn die sieht das Universum in einem ähnlichen Wellenlängenbereich wie wir. Das Licht der fernsten Galaxien hat sich auf seiner Reise durch das Universum zuerst auf der blauen Seite in den sichtbaren Farbbereich hinein- und dann wieder auf der roten Seite aus dem sichtbaren Bereich hinausgeschoben. Aber Moment, das elektromagnetische Spektrum hört doch im UV-Bereich nicht einfach auf – irgendein extrem kurzwelliges Licht müsste es doch geben, das sich bei so hohen Rotverschiebungen in den sichtbaren Farbbereich hineinverschiebt, oder?

Ja, dieses Licht gibt es zwar, es wird aber blöderweise komplett vom neutralen, kalten Wasserstoffgas in den Galaxien verschluckt. Es ist das sogenannte *Lyman Limit*. Licht mit Wellenlängen kleiner als 91 Nanometer hat genug Energie, um das Elektron des Wasserstoffs immer aus seinem Wasserstoffatom hinauszuwerfen, egal, in welchem Energiezustand sich das Elektron befindet. Das Ergebnis ist, dass dieses hochenergetische UV-Licht praktisch immer vom Wasserstoff absorbiert wird. Die Photonen haben also gar keine Chance, sich überhaupt erst auf den Weg durchs Universum zu machen. Unterhalb von 91 Nanometern Wellenlänge emittieren Galaxien praktisch keine Strahlung mehr. Wenn wir das Licht dieser jungen Galaxien jenseits einer Rotverschiebung von 6, also das Licht aus den ersten anderthalb Milliarden Lebensjahren des Universums sehen wollen, müssen wir uns bei röteren Wellenlängen umschauen. Wir brauchen Infrarotbeobachtungen. Das Hubble benötigte eine Infrarotkamera.

Fast 10 Jahre nach dem originalen HDF wurde 2004 das *HUDF*, das Hubble *Ultra* Deep Field aufgenommen. Das HST hatte kurz davor eine neue Kamera bekommen, die *Advanced Camera for Surveys*, kurz *ACS*. Die ACS konnte schon etwas längere Wellen, also etwas rötere Farben sehen als die WFPC2, aber es reichte noch nicht ganz. Das Bild des HUDF enthält zwar etwa dreimal so viele Galaxien wie das originale HDF, aber es ging noch nicht wesentlich weiter zurück in die Kindheit der Galaxien. Ein paar kleinere Bereiche des HUDF wurden dann auch mit dem NICMOS Infrarotdetektor am HST beobachtet. Es lieferte hochinteressante Daten, aber das viel kleinere Bildfeld von NICMOS reichte nicht, um ein großes Sample an Galaxien zu beobachten. Das Ultra Deep Field konnte sich so noch ein paar hundert Millionen Jahre tiefer in die Kindheit des Universums hineinbohren, aber nur an ein paar wenigen Stellen.

Im Jahr 2009 war es dann endlich so weit: Die phantastische WFPC2 hatte zwar leider ausgedient, wurde aber in der letzten Servicing Mission des Hubble durch die funkelnagelneue WFPC3 ersetzt. Und die WFPC3 hatte endlich einen ordentlichen, ausreichend großen Infrarotdetektor. Er hat die entferntesten und gleichzeitig jüngsten Galaxien im Universum enthüllt, die wir bis jetzt kennen. Für das 2012 veröffentlichte *eXtreme Deep Field* oder XDF wurden alle Daten des letzten Jahrzehnts kombiniert und zu einem Bild mit einer totalen Belichtungszeit von 23 Tagen zusammengestellt. Was wir darin sehen, ist wie ein Tunnel durch das gesamte Universum, der bis an sein Ende mit über zehntausend Galaxien gefüllt ist. Das Licht am Ende dieses Tunnels kommt von den ersten Baby-Galaxien, die etwa 400 Millionen Jahre nach dem Urknall gelebt haben. Sie sehen zwar nicht aus wie die Milchstraße, aber immerhin sind sie schon als Galaxien erkennbar. Sie sehen ziemlich seltsam aus. Viele von ihnen hätten es problemlos in Arps Atlas der seltsamen Galaxien geschafft. Das HDF hat schon darauf hingedeutet, aber seit dem HUDF ist uns klar, dass der Prozess der Galaxienentstehung sehr turbulent abläuft, um ein friedliches Wort zu verwenden. Galaxien bilden sich nicht langsam und stetig, sondern schnell und stürmisch. Es beginnt dort, wo die meiste Masse ist, im Zentrum der – zukünftigen – großen Strukturen sammelt sich die Materie, und es entstehen beinahe auf einmal riesige Mengen an heißen, jungen Sternen. Diese Proto-Galaxien verschmelzen miteinander, und schon nach einigen wenigen Milliarden Jahren sind die Vorläufer der riesigen elliptischen Galaxien quasi fertig. In den Regionen, wo weniger Materie da ist, bilden sich die großen Galaxien auch durch Kollisionen kleinerer Galaxien, aber der ganze Prozess geht einfach viel langsamer vor sich und hält auch teilweise bis heute an.

Was wir auch sehen, ist, dass Galaxien im jungen Universum generell kompakter sind als Galaxien mittleren Alters oder heutige Galaxien. Es scheint ihnen zum Beispiel oft eine ausgedehnte Sternenscheibe zu fehlen. Wachsen Galaxien also doch auch von innen nach außen? Anscheinend.

Interessant ist auch, dass die verschiedenen Deep Fields sich sehr ähnlich sind. Das HUDF wurde in einer ganz anderen Weltraumregion aufgenommen als das originale HDF. Trotzdem, obwohl wir in eine ganz andere Richtung des Universums blicken, sehen sie fast gleich aus. Natürlich sind darin ganz andere Galaxien zu sehen, aber die Verteilung und die Eigenschaften der Galaxien in den beiden Bildern unterscheiden sich statistisch nicht. Dies bestätigt das sogenannte kosmologische Prinzip: die Annahme, dass das Universum homogen, also überall gleich ist. Das ist sehr gut, denn diese Annahme bildet die Grundlage unserer Erforschung des Universums.

Immer weiter in die Vergangenheit

Mittlerweile kommen wir also mit unseren Beobachtungen schon bis etwa 400 Millionen Jahre an den Urknall heran. Wir sehen die ersten Galaxien, die vor über 13 Milliarden Jahren gerade begonnen haben, sich zu bilden. Aber allzu gern würden wir wirklich den allerersten kleinen Babygalaxien bei ihrer Entstehung zuschauen. Darauf müssen wir hoffentlich, wenn alles gut geht, nicht mehr allzu lange warten. Denn der Nachfolger des Hubble steht schon in den Startlöchern: das *James Webb Space Telescope*. Das JWST, das nach dem ehemaligen NASA Chef benannt ist, ist dem HST zwar ähnlich, aber doch sehr anders. Zuallererst ist es natürlich viel größer: Sein Hauptspiegel hat fast den dreifachen Durchmesser von Hubbles Spiegel, was eine wesentlich bessere Auflösung und Sensitivität als alle bisherigen Infrarotdetektoren verspricht. Das *Webb* wird auch nur im Infraroten beobachten, es wird also keine »genau so sieht es dort aus« Bilder geben – dafür aber natürlich jede Menge Unsichtbares und Aufregendes aus dem frühen Universum. Aber es gibt noch einen anderen ganz wichtigen Unterschied: Niemand wird jemals zum JWST fliegen. Keine Servicing Mission wird je mit spektakulären Spacewalks ein Instrument austauschen oder eine geknickte Solarzelle reparieren können. Das Webb wird in 1,5 Millionen Kilometer Entfernung von der Erde, und von uns aus gesehen immer genau gegenüber der Sonne, durch den Weltraum fliegen. Dafür wird es aber Objekte bis zu einer Rotverschiebung von etwa 20 sehen können, also bis mindestens 200 Millionen Jahre an den Urknall herankommen, und vielleicht sogar bis 100 Millionen Jahre. Das *Webb* wird tatsächlich die allerersten Galaxien sehen können – vorausgesetzt, es passiert nicht wieder ein kleiner Fehler beim Schleifen des Spiegels. Es soll Ende Oktober 2021 in den Weltraum geschossen werden.

Und wie lang wird es das Hubble noch geben? Schwer zu sagen. Da es ja keinen Antrieb besitzt und auch nicht mehr von einem Space Shuttle in eine höhere Umlaufbahn gezogen werden kann, wird seine Umlaufbahn unweigerlich immer niedriger. Der Weltraum ist zwar leer, aber in der niedrigen Umlaufbahn des Hubble gibt es immer noch genug Atmosphärenreste, um es zu bremsen, bis es eines Tages in der Erdatmosphäre verglühen wird. Das wird aber lange dauern, denn im Moment ist es immer noch in einer sicheren Höhe von 537 km. Auf der NASA-Webseite kann man nachschauen, wo genau es gerade ist*.

Der eigentlich limitierende Faktor für die Lebensdauer des HST sind aber seine Gyroskope, die kleinen Kreiselgeräte, die seine Position stabilisieren. Sechs Stück davon hat es insgesamt, funktionieren müssen drei. Im Moment funktionieren zwei Gyros noch einwandfrei und das dritte macht schon seit einiger Zeit immer wieder Mätzchen, zuletzt im Oktober 2018. Sollte es tatsächlich kaputtgehen, wäre das aber immer noch nicht das Ende. Das Teleskop würde mit zwei Kreiselgeräten zwar nur mehr einen eingeschränkten Bereich des Himmels beobachten können, aber besser als gar nichts. Eines der beiden Gyroskope würde dann sogar ganz abgeschaltet werden, um es für später aufzuspa-

* https://www.nasa.gov/content/about-orbiting-hubble-interactive.

ren. Da der Himmelsbereich, den man mit einem funktionierenden Gyroskop beobachten kann, fast der gleiche ist wie mit zwei, wird das Hubble dann im Ein-Gyro-Modus betrieben werden, um seine Lebensdauer noch etwas weiter auszudehnen. Hoffentlich bleibt es uns so noch viele weitere Jahre erhalten.

Obwohl mittlerweile viele andere und weitaus bessere Deep Fields aufgenommen wurden, ist und bleibt das Hubble Deep Field der Klassiker, das legendäre, ikonische und darum vielleicht immer noch eindrucksvollste aller Deep Fields. Dieser Status liegt wahrscheinlich gerade auch an der Art, wie das Bild damals veröffentlicht wurde: Entgegen der üblichen Strategie, die wertvollen Beobachtungsdaten für sich zu behalten, entschieden sich Williams und sein Team, das Hubble Deep Field unmittelbar nach der Fertigstellung der astronomischen Community zur Verfügung zu stellen. Die Daten sind im Internet für alle frei zugänglich. Das Projekt war also nicht nur mutig, sondern hat auch eine neue Kultur der Offenheit und Zusammenarbeit in der Astronomie geprägt.

Das Gleiche gilt auch für alle späteren Deep Fields. Wer möchte, kann sich also selber die Beobachtungsdaten der Hubble Deep Fields herunterladen und analysieren. Und das nächste Mal, wenn Ihr den Großen Wagen am Himmel erkennt, schaut auf diesen stecknadelkopfgroßen Punkt etwas über den beiden vorderen Sternen der »Kiste« des Wagens und stellt euch vor, mit zweieinhalb Meter großen Augen gut 30 Stunden lang all das Licht von diesem leeren Fleck zu sammeln. Doch auch in nur einem Augenblick treffen sicher ein paar Photonen Eure Netzhaut, die in den Sternen der ersten Galaxien erzeugt wurden und seit über 13 Milliarden Jahren durch das Universum unterwegs sind.

Manchmal müssen wir auch einfach ein bisschen ins Leere schauen, um unseren Horizont zu erweitern.

Das Ende des Universums – und sein Anfang?

In der Sternenflottenakademie

Ich sitze im großen Hörsaal des alten Physikinstituts der Universität Wien. Die steil ansteigenden Sitzreihen mit den schönen, alten, leicht gebogenen Holzpulten vermitteln eine seltsame Art von schäbigem Stolz. Man spürt, dass die Blütezeit des abgenutzten Saals zwar schon weit in der Vergangenheit liegt, aber er ist doch ausgesprochen würdevoll gealtert. Neben der großen dunkelgrünen Tafel sind an den Wänden allerhand antiquierte Apparaturen angebracht, deren fragwürdige Funktionstüchtigkeit von der daneben liegenden Kohorte an alten Keramiksicherungen untermauert wird. Große, kreisrunde Anzeigen mit in Messing eingefassten Zifferblättern, Regler und Messgeräte hängen an der Wand. Dicke Kabel und Rohre sind an den Wänden verlegt, die zu Kästen mit überdimensionierten Knöpfen und Schaltern führen. Bei jeder Bewegung knarrt und knirscht es in den Klappmechanismen der unbequemen Holzsessel, die schon unzähligen Generationen von Studierendengesäßen standhalten mussten. Gemeinsam mit den hohen schmalen Fenstern und getäfelten Wänden vermitteln sie das, was sie vermitteln sollen: die Ernsthaftigkeit und Ehrfurcht, die wir der Wissenschaft entgegenzubringen haben. Große Geister haben diese Atmosphäre geatmet. Auch sie mussten als Aspiranten der Wahrheitsfindung hin- und herrutschend auf dem harten Holz ausharren, bevor sie wohlverdient durch Genie und harte Arbeit in die Ränge der Gelehrten aufsteigen sollten. Die Zeiten von Boltzmann und Schrödinger sind zwar schon lange vorbei, doch der Glanz vergangener Bedeutsamkeit schimmert noch durch die vollgekritzelten Oberflächen des Mobiliars, die Wände, das ganze Gebäude. Es ist Dezember und nach drei Monaten an der Uni habe ich mich schon langsam ein bisschen an die altehrwürdigen Hallen gewöhnt. Respekt einflößend sind sie aber immer noch.

Respekt einflößend ist auch unser aktueller Vortragender: ein Physiker mittleren Alters, wie aus dem Lehrbuch, mit weißem Kittel, schütterem Haar und dicker Brille. Ich sitze in den Demonstrationsübungen der Experimentalphysik, eine Zusatzveranstaltung zur ersten großen Physikvorlesung des Studiums, in der einmal wöchentlich die grundlegenden physikalischen Konzepte und Methoden, um die es in der Vorlesung geht, noch mal wiederholt werden. Es ist eine einfachere Ergänzung zur Vorlesung, voller Experimente und anschaulicher Erklärungen – so steht es zumindest im Studienplan. Unser Vortragender aber verleiht den unterhaltsamen und vermeintlich illustrativen Demonstrationen einen ganz besonderen Charakter. Als Chaostheoretiker, der sich mit statistischer Mechanik in Ungleichgewichtszuständen und fraktalen Dimensionen beschäftigt, ist er zwar brillant, aber vielleicht nicht ideal geeignet, um Erstsemestern die Grundlagen der Physik verständlich näherzubringen. Wir beschäftigen uns gerade mit der Impulserhaltung – in der Tat eines der wichtigsten und gleichzeitig auch erfreulich einleuchtendsten Konzepte der Physik. Es besagt, dass der Bewegungszustand eines Objekts gleich bleibt, wenn dem Objekt nichts zustößt. Dinge bewegen sich einfach gleichmäßig weiter, wenn sie nicht gebremst oder beschleunigt werden. Das gilt für einzelne Objekte genauso wie für ganze Systeme an Teilchen, solange das System nach außen hin abgeschlossen ist, also solange nichts nach außen dringt oder von außen dazukommt. Das Konzept des abgeschlossenen Systems ist vielleicht ein wenig verwirrend, bedeutet aber eigentlich nur, dass meine Betrachtung hier eine Grenze hat. Meistens ist diese Grenze auch recht willkürlich gewählt. Ein gutes Beispiel dafür ist etwa der Asteroid, der auf die Erde zufliegt und von Bruce Willis in die Luft gesprengt wird. Das ganze Ding explodiert nicht einfach, sondern explodiert und bewegt sich weiter in tausend Stücken auf die Erde zu, da sein Bewegungszustand erhalten bleibt. Das abgeschlossene System ist hier der Asteroid plus die Rakete, die im Weltraum aufeinandertreffen.

Der zerzauste Professor erklärt gerade noch mal die Grundlagen des Impulserhaltungssatzes an der Tafel, und wirkt dabei etwas gelangweilt. Ich aber verstehe, worum es geht und bin ganz stolz auf mich. Plötzlich dreht er sich zu uns um und sieht uns an, als ob ihm gerade wieder eingefallen wäre, dass wir auch da sind. Doch dann ist da ein Leuchten in seinen Augen. Etwas Theoretisches muss ihm eingefallen sein. Langsam fragt er: »Woraus folgt denn eigentlich die Impulserhaltung, hm? Weiß das jemand?« Stille. Langsam hebt sich eine Hand in der ersten Reihe. Köpfe recken sich, um zu sehen, wer denn da den Kampf aufnimmt. Es ist ein angehender Astronom, ich kenne ihn aus der Astronomievorlesung. »Aus der Homogenität des Raumes«, antwortet er ordnungsgemäß. »Gut!«, sagt der Professor erfreut. Schlauberger, denke ich. Während ich noch versuche, darüber nachzudenken, was er da gerade gesagt hat, kommt auch schon die nächste Frage des Professors, angeregt durch die anscheinend doch nicht ganz unbrauchbare intellektuelle Disposition seines Publikums: »Und die Drehimpulserhaltung, woraus folgt die?« Die Stille kehrt zurück und legt sich über den Raum wie eine kalte Decke. Mein Freund Leonard, das lässige Genie, sitzt neben mir und wirft mir einen kurzen unschlüssigen Blick zu. Dann hebt er die Hand. »Aus der Isotropie des Raumes«, sagt er kleinlaut, fast peinlich berührt. Na, das war ja klar. Wir Normalsterbliche schauen gespannt von ihm zum Professor, wie es jetzt wohl weitergeht. »Genau!«, sagt er. Das fast boshaft anmutende Funkeln in seinen Augen sagt uns, dass die Geschichte damit noch nicht erledigt ist. »Und was ist mit der Energieerhaltung?«, fragt er freundlich gespannt. Wir schauen uns alle mit geweiteten Augen an. Was um Himmels willen will er denn jetzt von uns? Der Professor blickt durch den Raum, wir werden immer kleiner. Niemand macht Anstalten, sich zu opfern, niemand bewegt sich, die Stille ist absolut. Und dann plötzlich, die ruhigen, klaren Worte: »Aus der Homogenität der Zeit.« Die Stimme kommt von oben, fast so, als hätte sich der Himmel geöffnet, um sich unserer Unwissenheit zu erbarmen. In einem Rumms dreht sich der ganze Hörsaal um. Es war aber nicht der Allmächtige höchstpersönlich, der die Wahrheit in den Hörsaal hinein ertönen ließ. Nein, es war eine sterbliche Stimme aus der letzten Reihe, die dank der steil ansteigenden Sitzreihen von ganz oben zu kommen schien. Wie wir später erfahren sollten war es Reinhard, ein etwas älterer Student, der in Deutschland Maschinenbau studiert hatte und deshalb schon eingeweiht war. »So ist es!«, sagt der Professor triumphierend und wendet sich ohne Umschweife wieder der Tafel zu, so, als wenn nichts gewesen wäre. Wir alle sind aber ziemlich baff, irgendwas scheint gerade mit dem Raumzeitkontinuum passiert zu sein. Ich komme mir vor wie auf der Sternenflottenakademie. Ich hatte damals natürlich keine Ahnung, was die Homogenität der Zeit sein soll, aber es klang verdammt cool.

Wenn wir das Universum verstehen wollen, müssen wir irgendwo mit einer Einschränkung anfangen. Wir können nicht komplett unbedarft und offen für alles an die Sache herangehen, und einfach schauen, was da oben los ist. Wir brauchen gewisse einschränkende Annahmen, die es uns überhaupt erst ermöglichen, aus unseren Beobachtungen gewisse Rückschlüsse zu ziehen. Die vielleicht wichtigste dieser Annahmen ist das sogenannte *Kosmologische Prinzip,* welches besagt: Das Universum ist homogen und isotrop. Es ist also überall und in alle Richtungen gleich. Es gibt keinen Punkt, der sich per se auszeichnet, der sich in seiner Natur als Ort von anderen unterscheidet. Alle Orte, Richtungen und natürlich auch Zeitpunkte im Universum sind gleichberechtigt. Alles, was hier passiert, könnte genauso gut überall anders passieren, und was heute passiert, würde in einer Woche nicht einfach grundlegend anders vonstattengehen. Raum und Zeit, das verlässliche Gewebe der Realität.

Diese Annahme ist so grundlegend für uns und unser Verständnis des Universums, dass sie auch den schönen großen Namen *Weltpostulat* trägt. Ohne das Weltpostulat wäre es unmöglich, Vorhersagen zu treffen. Unsere Versuche, die Vorgänge im Universum zu reproduzieren und zu verstehen, wären zum Scheitern verurteilt. Es ist aber trotzdem »nur« eine Hypothese, beziehungsweise ein Postulat, also eigentlich eine Behauptung, die wir aufgestellt haben. Es ist kein Ergebnis unserer Beobachtungen, sondern unser Ausgangspunkt bei der Erforschung der Welt.

In Wirklichkeit haben bisher aber auch alle unsere Beobachtungen des Universums dieses Postulat weiter untermauert. Noch keine Beobachtung hat darauf hingedeutet, dass es einen irgendwie ausgezeichneten Ort im Universum geben sollte. Ganz im Gegenteil: im Laufe der Zeit mussten wir uns von einem Status der Besonderheit nach dem anderen lösen. Zuerst die Position der Erde, statt im Zentrum von allem, nur in einer Umlaufbahn um einen Stern. Dann die Position dieses Sterns selbst, als einer von Milliarden von Sternen in einer Umlaufbahn innerhalb der gigantischen Galaxis. Dann die Natur dieser Galaxis als nur eine von wiederum Abermilliarden anderen Galaxien, ihre Position in einer eher langweiligen Gegend des Universums, in einer kleinen Galaxiengruppe in den weiten Ausläufern eines eher kleinen Galaxienhaufens. Schritt für Schritt wurde jegliche Auszeichnung unserer Position relativiert und schließlich gänzlich demontiert. Alles deutet darauf hin, dass weder unser Ort im Universum noch sonst einer, irgendwie besonders sein könnte. In den 1960er Jahren sollte dieses Postulat der kosmischen Gleichheit dann aber endlich auch eine handfeste Bestätigung bekommen, und zwar durch eine ganz besondere Beobachtung.

Es war Mitte der 60er Jahre, als die Physiker Arno Penzias und Robert Wilson mit einer neuen, riesigen Mikrowellenantenne herumexperimentierten. Eigentlich wollten die beiden herausfinden, wie sie mit der Hornantenne der Bell Telephone Laboratories in Holmdel, New Jersey, extrem schwache Radiowellen detektieren konnten. Die Holmdel Hornantenne war ein 15 Meter langes Empfangsgerät, das für die Satellitenkommunikation designt war und mit seiner gebogenen Form wie eine überdimensionierte Ohrtrompete aussah. Es ging bei den Experimenten auch gar nicht um Astronomie, sondern um erste Versuche der Langstreckenkommunikation mithilfe von Mikrowellen und Ballonsatelliten. Die kurzwelligen Radiosignale wurden zuerst in den Weltraum gesendet, dann von den ballonförmigen Satelliten reflektiert und wieder zur Erde zurückgeschickt. Um die

BIG BANG
HINTERGRUNDSTRAHLUNG:
das älteste Licht im Universum
ca. 380.000 Jahre nach dem Urknall entstanden
15 m
10 m
ROBERT WILSON & ARNO PENZIAS
Entdecken 1964 zufällig die
kosmische Hintergrundstrahlung
HOLMDEL HORNANTENNE
Das Rad kann die
Erdrotation ausgleichen

extrem schwachen, reflektierten Signale zu detektieren, mussten natürlich alle Störsignale eliminiert werden. Das war Penzias' und Wilsons Job.

Die beiden hatten an alles gedacht. Sie eliminierten die Interferenzen von Radiosendern und Radarstationen und kühlten den Empfänger auf etwa –269 °C, also 4 Kelvin über dem absoluten Nullpunkt herunter. Trotzdem blieb in ihren Daten ein unerklärliches Rauschen übrig. Das Signal war ziemlich stark und extrem gleichmäßig. Es gab keine Schwankungen zwischen Tag und Nacht, es war einfach immer da. Sie versuchten verschiedene Ausrichtungen der Antenne, aber das Signal blieb, gleichmäßig über den Himmel verteilt kam es gleich stark aus allen Richtungen. Die beiden Physiker entfernten sogar ein Taubennest und die entsprechenden Überreste aus der Antenne, nur, um sicherzugehen. Nach einigem Hin und Her konnten sie einen Ursprung des Signals auf der Erde, der Sonne oder aus der Milchstraße ausschließen. Es kam aus den Tiefen des Weltraums.

Wilson und Penzias hielten das Signal zuerst für eine unbekannte, neu entdeckte Strahlungsquelle, bis ihnen ein befreundeter Physiker von einer Gruppe von Astronomen an der nahegelegenen Princeton University erzählte, die gerade ein hochinteressantes Paper herausgebracht hatten: Sie hatten berechnet, dass die extremen Bedingungen am Beginn des Universums eine Art Nachleuchten, einen *Afterglow*, hinterlassen haben müssten, den wir heute noch beobachten können sollten. Durch seine unvorstellbare Expansion hatte sich das Universum in der Zwischenzeit so weit abgekühlt, dass von dieser extremen Hitze jetzt nur mehr wenige Kelvin über dem absoluten Nullpunkt übrig waren. Es sollte sich bei der erwarteten Strahlung dieser Temperatur entsprechend um Mikrowellenstrahlung handeln – und zwar ziemlich genau die Art von Strahlung, wie sie Penzias und Wilson entdeckt hatten. Das lästige Störgeräusch in der Hornantenne war in Wirklichkeit eine Art Echo von der Entstehung des Universums. Es war der glimmende Nachhall des Urknalls, die sogenannte kosmische Hintergrundstrahlung.

Penzias und Wilson trafen sich mit den Princeton-Astronomen rund um die Kosmologen Robert Dicke und Jim Peebles und beschlossen, die Ergebnisse gemeinsam zu veröffentlichen. 1978 sollten Penzias und Wilson für die Entdeckung der kosmischen Hintergrundstrahlung den Nobelpreis für Physik bekommen. Peebles wurde mit dem Preis erst 2019 für seinen Beitrag zur Kosmologie geehrt.

Das Interessante an der Geschichte der Entdeckung der Hintergrundstrahlung sind neben ihrer umfassenden Bedeutung für die Entstehung des Universums auch ihre Umstände: Es war wieder mal der glückliche Zufall, der wie so oft zu den großen Entdeckungen führt. Im Englischen gibt es dafür das schöne Wort *serendipity*. Im deutschsprachigen Raum ist es, vielleicht auch in Ermangelung eines eigenen Begriffs, ein eher vernachlässigtes Konzept. Der Pfad der Entdeckung ist alles andere als geradlinig. Meist beginnt es mit einem »Moment mal, da passt was nicht«. Nicht der Erwartungshaltung sollten wir folgen, sondern dem Unerwarteten. Bei scheinbaren Fehlern müssen wir neugierig werden und nachhaken. Bei der Hintergrundstrahlung hat sich ein Störfaktor als bahnbrechendes Beweisstück entpuppt, nicht nur ein Beleg für das homogene Universum, sondern auch stärkstes Indiz für den Urknall. Damals war die Urknalltheorie ja noch eher belächelt. Sogar der Name Urknall, also *Big Bang*, wurde von Fred Hoyle, einem Gegner der Theorie, als nicht ganz ernst gemeinter Begriff erfunden – obwohl Hoyle das nachträglich relativiert hat. Hoyle war Verfechter der *steady state* Theorie, die Theorie des stabilen Zustands, nach der sich das Universum zwar ausdehnt, aber die ganze Zeit neue Materie erzeugt wird und so der Gesamtzustand des Universums über lange Zeit gleich und stabil bleibt. Das war keine verrückte Nischentheorie, sondern zu dem Zeitpunkt eine weitgehend gleichwertige Alternative zu einem für viele unplausibel klingenden Urknall. Die Entdeckung der Hintergrundstrahlung aber war der Todesstoß für das *steady-state*-Universum: Die gleichmäßige Hintergrundstrahlung konnte eigentlich nur dadurch zustande kommen, dass das Universum am Anfang einmal sehr klein und sehr heiß gewesen war. Außerdem war die Hintergrundstrahlung nicht erst nach ihrer Entdeckung in die Theorie integriert worden, sondern von der Urknalltheorie vorhergesagt und dann (unabsichtlich) entdeckt worden – ein eindeutiger Triumph für jede Theorie.

Warum ist die kosmische Hintergrundstrahlung, kurz *CMB* für *cosmic microwave background*, so ein eindeutiges Indiz für die Existenz des Urknalls? Es ist so, als wenn man die Hände über die Kohlen eines erloschenen Feuers hält und dadurch weiß, dass es hier mal gebrannt hat. Gemeinsam mit der beobachteten Expansionsbewegung der Galaxien ergibt sich das eindeutige Bild eines abkühlenden Infernos, dessen Restwärme wir noch messen können. Wenn die Temperatur dieses Afterglows von überallher kommt und überall gleich ist, musste es auch ein sehr gleichmäßiges Feuer gewesen sein, das überall stattgefunden hat. Aus der Temperatur der warmen Kohlen kann ich auch abschätzen, wie lange es her ist, dass das Feuer gebrannt hat – knapp 14 Milliarden Jahre in unserem Fall. Aber wie gleichmäßig war diese Strahlung tatsächlich? Wie gleichmäßig brannte das Feuer des Urknalls, in dem all die Billionen an Galaxien im Universum geschmiedet worden waren? Die Mikrowellen-Ohrtrompete hatte zwar gute Arbeit geleistet, aber die Messungen waren natürlich nicht sehr genau. War die Hintergrundstrahlung wirklich überall gleich?

Um diese Frage zu beantworten, war wieder ein Trip in den Weltraum notwendig. Mikrowellen werden in dem Wellenlängenbereich der Hintergrundstrahlung von der Erdatmosphäre recht gut abgeblockt und dringen nur sehr begrenzt bis zur Erdoberfläche durch. So wurde 1989 *COBE*, der *Cosmic Background Explorer* in die Erdumlaufbahn gebracht. Der Mikrowellendetektor beobachtete den ganzen Himmel in leicht unterschiedlichen Wellenlängen, also über ein Farbspektrum hinweg. Seine Daten bestätigten eindeutig, dass die Strahlung tatsächlich von überallher kam und in alle Richtungen gleich war. Doch nicht nur das. Die Intensität der verschiedenen Wellenlängen, also der verschiedenen »Farben« der Mikrowellenstrahlung, verhielten sich wie ein perfekter Schwarzer Körper.

Ein Schwarzer Körper besteht nicht aus Dunkler Materie, nein, ganz und gar nicht. Ein Schwarzer Körper ist ein Ding, dessen Strahlung und Farbe ausschließlich und ganz exakt von seiner Temperatur abhängt. So ein Ding heißt Schwarzer Körper, weil er keine Strahlung reflektiert, sondern alles, was auf ihn zukommt, absorbiert. Er verschluckt also zuerst das ganze einfallende Licht und strahlt es dann nur seiner Temperatur entsprechend wieder ab. Das Konzept ist eine Idealisierung und kommt in der Realität eigentlich nicht vor. Doch hier war sie, die perfekte Strahlungskurve, fast schon zu gut, um wahr zu sein. Und doch würden wir es von der Urknalltheorie her ja genau so erwarten. Die Farbverteilung der kosmischen Hintergrundstrahlung stimmt perfekt mit der erwarteten Farbverteilung eines 2,7 Kelvin kalten Schwarzen Körpers überein. Es ist also eine pure Temperaturstrahlung, übrig geblieben nur aus dem mittlerweile abgekühlten, damals aber unvorstellbar heißen Ursprungszustand des Universums kurz nach dem Urknall.

In den letzten Jahrzehnten haben zwei weitere Satelliten die Messungen von COBE bestätigt und verfeinert, zuerst *WMAP*, und dann *Planck*. Viele neue Details haben sich daraus ergeben, wie etwa das genaue Alter des Universums (13,77 ± 0.04 Mrd. Jahre), seine Geometrie (es ist flach!) oder seine Zusammensetzung: Das Universum besteht nur zu knapp 5 % aus normaler Materie, Materie wie wir, wie Sterne, wie Galaxien, wie gigantische Wolken aus Staub und Gas. Ein Viertel des Universums besteht aus Dunkler Materie, unsichtbar, unberührbar, aber sehr anziehend. Aber der Hauptbestandteil unseres Universums ist mit etwa 70 % eine unbekannte Form der Energie, die sogenannte Dunkle Energie. Wir kennen den Großteil unseres Universums nicht. Was wir allerdings mit an Sicherheit grenzender Wahrscheinlichkeit wissen, ist, dass das Universum in einem extrem kleinen, extrem heißen Zustand begonnen hat und am Anfang in der Tat unvorstellbar gleich war, und zwar überall und in alle Richtungen.

Nur: Wenn alles am Anfang so homogen und isotrop war, und sich dann mit unfassbarer Geschwindigkeit immer weiter ausgedehnt hat, wie kann es dann überhaupt Konzentrationen von Materie geben? Warum gibt es überhaupt etwas und nicht nichts?

Warum gibt es etwas und nicht nichts?

Unsere Existenz haben wir neben vielen anderen unwahrscheinlichen und unvorstellbaren Faktoren zuallererst der Symmetriebrechung zu verdanken. Das hört sich zwar unangenehm an, ist aber ein hochinteressantes Phänomen. Beim Wort Symmetrie denken wir zuerst an einen Spiegel – und das ist auch eine einfache Form von Symmetrie. Wenn ich links und rechts vertausche und das Ergebnis gleich aussieht, ist ein Ding symmetrisch. Eine Spielkarte ist symmetrisch – ich drehe sie um 180° und sie sieht wieder gleich aus. Das Ganze kann ich aber auch viel allgemeiner definieren, zum Beispiel können Dinge symmetrisch in der Zeit sein, also vorher und nachher gleich, egal, was ich mit ihnen dazwischen mache. Ganz generell besteht eine Symmetrie dann, wenn ich etwas machen kann und ein Prozess danach genauso abläuft wie zuvor. Und die Tat dabei könnte sein: Koordinaten vertauschen, wie im Spiegel, oder Ladungen vertauschen, wie bei Materie und Antimaterie. Die Symmetrie ist im Universum meistens der erwartete Zustand. Warum sollte zum Beispiel eine chemische Reaktion in einer gespiegelten Welt anders ablaufen?

Die gebrochene Symmetrie, um die es hier geht, bewirkt, dass es im Universum sehr viel mehr Materie als Antimaterie gibt. Und das ist natürlich gut für uns, denn wir bestehen aus Materie. Antimaterie hat trotz ihres fragwürdigen Rufs als mysteriöses Spiegelteilchen in bösartigen Science-Fiction-Paralleluniversen nichts wirklich Ungewöhnliches an sich. Sie ist wie normale Materie aufgebaut, sie leuchtet genauso wie normale Materie. Aber sie unterscheidet sich von normaler Materie in ihrer elektrischen Ladung. Ein Positron zum Beispiel ist einfach ein positiv geladenes Elektron. Ein Antiproton ist ein negativ geladenes Proton.

Antimaterie wird routinemäßig in Teilchenbeschleunigern erzeugt, oder auch im radioaktiven Zerfall. Eine Banane zum Beispiel erzeugt etwa 1 Positron pro Stunde, weil sie leicht radioaktives Kalium enthält. Ein durchschnittlicher menschlicher Körper erzeugt etwa 180 Positronen pro Stunde. Antimaterie ist also real und allgegenwärtig, allerdings ist sie in freier Wildbahn, also draußen im Universum, extrem selten anzutreffen. Warum? Sie wurde ausgelöscht. Das Bemerkenswerte an der Antimaterie ist, dass sich Materie und Antimaterie bei ihrem Zusammentreffen direkt in Energie verwandeln. Wenn ein Elektron auf ein Positron trifft, löschen sie sich gegenseitig aus und werden zu hochenergetischer Strahlung. Genauso kann im Gegenzug (Symmetrie!) aus Energie ein Teilchenpaar entstehen. Der gleiche Prozess läuft dann eben in die andere Richtung ab. Und das passiert auch laufend, denn warum sollte es nicht passieren? Es passiert im Hier und Jetzt: Teilchenpaare aus Materie und Antimaterie, also zum Beispiel ein Positron und ein Elektron, entstehen spontan aus Energie und vernichten sich kurz danach wieder gegenseitig und kehren zu Energie zurück. Alles ist im Gleichgewicht. Die Wahrscheinlichkeit, dass ein Teilchenpaar erzeugt wird, ist aber im Hier und Jetzt eher niedrig. Sie ist umso höher, je mehr Energie da ist. Und darum hat diese Entstehung von Teilchen und Antiteilchen im ganz frühen Universum, gleich nach dem Urknall, natürlich viel öfter stattgefunden. Gleich nach dem Urknall war die Energiedichte des Universums extrem hoch. Aus der immensen Energie haben sich unzählige Teilchenpaare aus Materie und Antimaterie gebildet, die sich dann auch wieder gegenseitig auslöschten und neu entstanden und so weiter und so fort. Irgendwann hatte sich das Universum aber dann so weit ausgedehnt, dass die Energiedichte nicht mehr hoch genug war, um wesentliche Mengen an neuen Teilchen entstehen zu lassen. Und jetzt kommt der entscheidende Moment für unsere Existenz: Hätten sich wie erwartet gleich viele Teilchen und Antiteilchen gebildet, wären die alle wieder miteinander in Energie zerstrahlt, und das Universum bestünde nur aus Energie. Unser Universum wäre ein Strahlungsuniversum geblieben. Aber anscheinend ist aus irgendeinem Grund mehr Materie als Antimaterie entstanden. Genauer gesagt hat sich für jede Milliarde Teilchen-Antiteilchen-Paare *ein* zusätzliches Materieteilchen gebildet. Ein Extra-Teilchen pro Milliarde Teilchenpaare, also ein wirklich minimaler Materieüberschuss. Und diesem minimalen Überschuss verdanken wir die Existenz des gesamten Universums, wie wir es kennen. Die Teilchen-Antiteilchen Paare sind miteinander zerstrahlt und die überschüssigen Teilchen sind einfach übrig geblieben und haben das beobachtbare Universum gebildet.

Irgendein asymmetrischer Prozess in der Frühzeit des Universums muss für den Materieüberschuss gesorgt haben – ein Prozess, der uns allerdings noch unbekannt ist. Eine andere Möglichkeit allerdings wäre, dass sich sehr wohl gleiche Mengen an Materie und Antimaterie gebildet haben, die beiden Materiearten aber irgendwie räumlich voneinander getrennt wurden. Die Materie ist in unserer Ecke des Universums gelandet, während sich die Antimaterie in weit entfernten Gegenden des Weltraums ansammelte. Dort könnten sich dann auch tatsächlich Antisterne und Antigalaxien gebildet haben, also Sterne und ganze Galaxien aus Antimaterie. Diese Antigalaxien wären für uns sehr schwer als solche zu entlarven, da Antimaterie genauso leuchtet wie normale Materie, solange die beiden voneinander getrennt bleiben. Diese separaten Antimaterieinseln könnte es also tatsächlich im Universum geben. Aber auch der potenzielle Materie-Antimaterie Trennmechanismus ist uns leider unbekannt. Wir haben also zwei denkbare Szenarien zur Existenz der Materie entwickelt, die wir beide noch nicht erklären können. In der Antimateriefabrik des Teilchenbeschleunigers CERN wird auf jeden Fall intensiv daran geforscht, ob sich Antimaterie nicht doch irgendwie von normaler Materie unterscheidet. Denn falls es so einen marginalen Unterschied, wie auch immer der aussehen möge, geben sollte, könnte das vielleicht doch den Materieüberschuss erklären, ohne die leicht verstörende Möglichkeit der Existenz von Antigalaxien, Antiplaneten und Anti-wirs.

Die Entstehung des allerersten Sterns

Das Universum ist homogen und isotrop, wenn es auf einer großen Skala betrachtet wird – das hat uns die kosmische Hintergrundstrahlung gezeigt. Was wir im kosmischen Mikrowellenhintergrund, dem CMB, aber auch schon sehen können, sind ganz minimale Unterschiede, die auf kleinen Skalen herauskommen. Wenn wir uns das Mikrowellenbild des ganzen Himmels anschauen, sehen wir kleinere und größere Kleckse in rot und blau. Diese willkürlich gewählten Farben repräsentieren die ganz kleinen Temperaturschwankungen, die von COBE, WMAP und Planck in verschiedenen Genauigkeiten gemessen wurden. Die Temperatur des CMB ist aber, wie gesagt, extrem homogen. Die Unterschiede zwischen den roten und blauen Klecksen entsprechen nur etwa einem Hunderttausendstel Grad. Trotzdem sind sie die Keimzellen aller Strukturen im Universum. Die Temperaturschwankungen entsprechen minimalen Dichteschwankungen und sind somit die ersten Ansammlungen von Materie, die ersten Klumpen in der heißen Ursuppe, aus denen sich dann im Laufe der Zeit die ersten Galaxien und Galaxienhaufen gebildet haben. Durch die rasante Expansion des Universums wurden die kleinen Dichteunterschiede dann zu den großen Strukturen aufgeblasen.

Der CMB ist auch das erste Licht, das wir überhaupt sehen können. Es ist quasi das erste Babyfoto des Universums, aufgenommen, als es erst 380 000 Jahre alt war. Verglichen mit einem 80-jährigen Menschenleben entspräche das einem Alter von etwa einem Tag. Die Photonen des kosmischen Hintergrunds sind die ersten Photonen, die überhaupt vom frühen Universum zu uns kommen können. Nie werden wir mithilfe von Licht, egal welcher Wellenlänge, näher an den Urknall heranschauen können. Warum? Weil das Universum davor undurchsichtig war. Es war einfach als Ganzes zu heiß, als dass sich Photonen frei herumbewegen konnten. Das junge Universum war ein mehrere tausend Grad heißes Plasma, ähnlich dem Zustand eines Sterns. Es war so heiß und undurchsichtig wie ein Stern. Bis es durch die Ausdehnung so weit abgekühlt war, das sich Photonen zum ersten Mal frei bewegen konnten. Der CMB entstand, als das Universum etwa 3000 Kelvin heiß und etwa 40 Millionen Lichtjahre groß war. Das ist also unser Ausgangspunkt bei der Beobachtung des Universums, das ist der früheste Zeitpunkt des Universums, den wir tatsächlich sehen können. Es konnten sich zu dem Zeitpunkt zum ersten Mal ganze Atome bilden, also Protonen mit Elektronen rundherum. Es war damals erst mal hauptsächlich Wasserstoff entstanden und auch etwas Helium, aber alle anderen Elemente gab es im Grunde noch nicht. Wir befinden uns bei einer Rotverschiebung von etwa 1100. Zum Vergleich: die entferntesten Galaxien im Hubble Ultra Deep Field sind bei einer Rotverschiebung von etwa 10.

Und was passierte dann? Es beginnen die sogenannten *Dark Ages*. Nicht das finstere Mittelalter, sondern die dunkle, frühkindliche Phase des Universums, in der es noch keine Lichtquellen gibt. Das Universum expandiert und kühlt weiter ab, aber sonst passiert nicht viel – außer dass sich die Materie vermutlich langsam mehr und mehr verdichtet. Die Dark Ages sind auch vor allem deshalb dunkel, weil wir noch sehr wenig über diesen

Zeitraum wissen. Trotz der Expansion des Universums muss die Gravitationskraft aber langsam die Oberhand gewinnen und es kommt zur Bildung von gigantischen dichten kalten Wasserstoffwolken. Und irgendwann muss es mitten in den dichteren Gebieten dieser gigantischen dichten Wolken zur Zündung des ersten Sterns gekommen sein. Wir nehmen an, dass das zwischen 10 und 100 Millionen Jahre nach dem Urknall passiert ist, bei einer Rotverschiebung von etwa 100. Das Universum als 80-jähriger Mensch wäre damals ein paar Monate alt gewesen.

Diese ersten Sterne bilden sich natürlich innerhalb der ersten Galaxien, die dann spätestens 100 bis 200 Millionen Jahre nach dem Urknall auch als Galaxien erkennbar und für uns beobachtbar wären, bei einer Rotverschiebung von 20. Diese ersten Sterne in den ersten Galaxien sind zwar schon Sterne, wie wir sie kennen, haben gleichzeitig aber eher wenig mit Sternen wie der Sonne gemeinsam. Die ersten Sterne waren Giganten, unvorstellbare Riesensterne mit einer Masse von Hunderten von Sonnen. Diese Monstersterne lebten nur für kurze Zeit, maximal eine Million Jahre, bis sie dann ihre Eingeweide in noch gigantischeren Supernovaexplosionen wieder in den Weltraum hinausschleuderten. Durch die immensen Druckwellen der Sternexplosionen wurde dann die Entstehung der nächsten Sterngeneration angeregt und beschleunigt. Die Entstehung der ersten Sterne war eine hoch-turbulente Angelegenheit, die sich an vielen verschiedenen Orten gleichzeitig abgespielt haben muss. Eine Art Kettenreaktion, die nicht mehr aufzuhalten war. Überall in den dichteren Gebieten des jungen Universums haben sich die ersten kleinen Galaxien gebildet, weil alles voll mit abgekühltem Wasserstoffgas war, aus dem sich ja fast von selbst Sterne bilden. In rasantem Tempo – für astronomische Verhältnisse – sind die ersten Sterngenerationen und wiederholte Supernova-Explosionen aufeinander gefolgt. Das erste Lebensjahr des Universums war also ein kosmisches Feuerwerk von ungeahnter Intensität, das über Jahrmillionen hinweg überall im jungen Universum stattgefunden hat. Mit dem James Webb Space Telescope und seinen Nachfolgern können wir uns diese Show hoffentlich auch bald live anschauen.

Was nach dem finalen Feuerwerk des Kosmos kommt

Und wie wird es mit uns und diesem Universum um uns herum weitergehen? Schauen wir uns an, was in der unmittelbaren Zukunft auf uns zukommt: In der nächsten Sekunde werden in unserem Körper an die 100 000 chemische Reaktionen ablaufen. Unser Knochenmark wird zirka 2 Millionen rote Blutkörperchen erzeugen und unser Gehirn ungefähr 10 Millionen Bits an Information verarbeiten. Auf der Erde werden in der nächsten Sekunde 4 Babys geboren, an die 100 Blitze einschlagen und durch menschliche Aktivitäten über 1000 Tonnen CO_2 in die Atmosphäre geblasen werden. Wir werden uns mit der Erde etwa 30 km auf ihrer Bahn um die Sonne weiterbewegen und gemeinsam mit der Sonne ca. 220 km auf ihrer Bahn rund ums Zentrum der Milchstraße fliegen. Die Andromedagalaxie wird uns gut 100 km näherkommen, beziehungsweise wir ihr, je nach Standpunkt des Beobachters. Die Sonne selbst wird etwa 564 Millionen Tonnen Wasserstoff zu 560 Millionen Tonnen Helium verschmelzen. Die fehlenden 4 Millionen Tonnen werden dabei in Energie umgewandelt, in Strahlung, die die Sonne zum Leuchten bringt. Alle Photonen draußen im Universum werden sich in der nächsten Sekunde um 299 792 km weiterbewegen. Das gesamte beobachtbare Universum wird sich um beinahe eine Million Kilometer in alle Richtungen ausdehnen. Das ist etwa dreimal die Entfernung zwischen Erde und Mond.

Moment mal, das ist alles? Das gesamte beobachtbare Universum mit seinen Hunderten Milliarden an Galaxien wird nur um die dreifache Mondentfernung größer? Ja, die Expansion des Universums, die Ausdehnung des Raums, ist eigentlich unvorstellbar langsam.

Der Raum dehnt sich mit 70 Kilometern pro Sekunde pro Megaparsec aus. Das ist die berühmte Hubble Konstante, die auch auf die Arbeit von Edwin Hubble zurückgeht. Ein Megaparsec ist etwas mehr als die Entfernung zwischen der Milchstraße und der Andromedagalaxie. Das heißt also, dass auf der gigantischen Entfernung zwischen uns und der Andromedagalaxie jede Sekunde nur etwa 70 Kilometer Raum dazukommen. Das ist absurd wenig. Die Expansionsgeschwindigkeit des Universums ist so langsam, dass sich ein Meter Raum in einer Sekunde nur um ein Tausendstel des Durchmessers eines Protons ausdehnen würde.

Genau darum macht sich die Expansion des Universums ja auch erst auf den immensen Skalen der Galaxien und des intergalaktischen Raums bemerkbar. Weil die Expansion so langsam ist, ist sie auch so leicht von anderen Kräften zu überwinden. Darum wird sie auf kleineren Skalen, also bis zur Größenordnung von Galaxien, sogar von der Gravitation überwunden, die ja die schwächste der vier Grundkräfte des Universums ist. Darum dehnt sich der Raum zwischen uns Menschen oder zwischen den Planeten oder sogar zwischen den Sternen der Milchstraße nicht aus. Die Gravitation, die gegenseitige Anziehung der Materie, kann der langsamen Ausdehnung des Raums noch leicht entgegenwirken. Die Gravitation kann die Sterne in den Galaxien zusammenhalten, ohne dass die Ausdehnung des Raums zwischen ihnen sie auseinandertreiben würde.

Wie kann man sich die Expansion des Raumes genau vorstellen? Es ist der Raum selber, der mehr Raum erzeugt. Überall, wo genug Raum da ist, entsteht neuer Raum. Der Raum verhält sich wie das Material eines Luftballons. Wenn ich ihn aufblase, wird aus dem Material des Ballons immer mehr, die Gummihaut deckt eine immer größere Oberfläche ab. Das Universum ist hier die Oberfläche des Ballons, nicht der mit Luft gefüllte Raum im Inneren des Ballons. Es ist natürlich nur eine zweidimensionale Analogie, aber damit müssen wir leben. Wo ist das Zentrum dieses zweidimensionalen Luftballon-Universums? Wo genau hat die Ausdehnung angefangen, also der Luftballon-Urknall stattgefunden? Darauf gibt es zwei mögliche Antworten: entweder 1. an *keinem* Punkt auf der Oberfläche, also nirgends im Universum, weil ja im *Inneren* des aufgeblasenen Luftballons. Oder 2. an *allen* Punkten auf der Oberfläche, also überall im Universum, weil ja der ganze Luftballon am Anfang ganz klein in der Mitte des jetzt aufgeblasenen Ballons war. Es gibt auf einer Oberfläche keine Mitte, beziehungsweise die Mitte ist überall. Genauso hat unser echtes, dreidimensionales Universum keine Mitte, keinen Ursprungsort. Oder die Mitte ist überall, und wir sind alle der Ursprung.

Und *wohin* expandiert unser Universum? Muss es dann nicht einen Raum außerhalb geben, in den der Luftballon hinein expandieren kann? Das Universum expandiert in sich selbst hinein, es ist ja der Raum selbst, der mehr Raum kreiert. Man könnte aber auch sagen, dass das beobachtbare Universum ins für uns noch nicht beobachtbare Universum hinein expandiert. Was befindet sich in diesem unbeobachtbaren Universum? Höchstwahrscheinlich genau das Gleiche wie im beobachtbaren: Galaxien über Galaxien. Es ist nur so, dass diese Galaxien sich zu schnell bewegen, als dass wir sie sehen könnten. Es ist so, dass in all dem Raum zwischen uns und diesen entfernten Galaxien so viel neuer Raum erzeugt wird, dass ihn das Licht nicht mehr zeitgerecht durchqueren kann. Anders gesagt: Es wird mehr Raum pro Sekunde erzeugt, als Licht pro Sekunde durchqueren kann. Das ist die einzige Bedeutung dieser Grenze zwischen beobachtbarem und unbeobachtbarem Universum. Das Universum wird schneller größer, als wir es beobachten können.

Das für uns beobachtbare Universum wächst aber natürlich auch mit seinem Alter: Wir können jede Sekunde um knapp 300 000 km mehr davon in alle Richtungen sehen. Das ist ja die Distanz, die das Licht in einer Sekunde zurücklegt. Das ferne Universum hat sich aber, seit dieses Licht sich in unsere Richtung auf den Weg gemacht hat, auch weiter ausgedehnt. Darum ist eine Galaxie, die *13 Milliarden Lichtjahre von uns entfernt* ist, in Wirklichkeit mittlerweile schon etwa 30 Milliarden Lichtjahre weit von uns weg. Der Ausdruck, etwas sei XY Lichtjahre von uns entfernt, ist bei kleineren Entfernungen vollkommen okay und hat sich so eingebürgert. Bei großen kosmologischen Entfernungen allerdings ist das eigentlich falsch. Genau genommen müssten wir sagen, die Galaxie ist so weit von uns entfernt, dass ihr Licht 13 Milliarden Jahre bis zu uns gebraucht hat, sich der Raum in der Zwischenzeit aber so weit ausgedehnt hat, dass sie nun schon 30 Milliarden Lichtjahre von uns entfernt ist. Ist aber ein langer Satz, und darum sagt das so auch niemand. Wir werden diese Galaxie so, wie sie heute aussieht, nie beobachten können. Das Ganze kann man sich auch in die andere Richtung vorstellen: Obwohl das Universum größer und größer wird, schauen wir ja in die Vergangenheit und sehen dabei ein immer kleiner werdendes Universum. Das gleiche damals kleinere Universum ist in der Zwischenzeit, unbeobachtet von uns, allerdings schon wesentlich größer geworden. Deshalb hat das beobachtbare Universum, obwohl erst 13,8 Milliarden Jahre alt, auch schon einen Radius von 46,5 Milliarden Lichtjahren, also insgesamt einen Durchmesser von etwa 93 Milliarden Lichtjahren.

Das heißt, auch wenn sich das Universum nicht ausdehnen würde, würde es für uns immer größer werden, da wir mit jeder Sekunde mehr und mehr davon beobachten können. Das ist es, was wir beobachtbares Universum nennen. Das Universum selbst dehnt sich aber auch noch aus und wächst deshalb noch viel mehr. Abgesehen davon wächst es auch immer schneller. Wir befinden uns schon seit ein paar wenigen Milliarden Jahren in einer Phase der beschleunigten Expansion des Universums. Die Ausdehnung war also früher langsamer und wird jetzt immer schneller und schneller. Das wissen wir unter anderem deswegen, weil Supernova-Explosionen im frühen Universum nicht so hell zu leuchten scheinen wie sie sollten. Die genauen Details der beschleunigten Expansion wären Stoff für ein eigenes Buch.

Hier sei nur so viel gesagt, dass unser Universum, dass der Raum selbst, mit einer Energiequelle gefüllt zu sein scheint, die ihn weiter und weiter und schneller und schneller auseinander treibt. Diese Energiequelle, die auseinanderstrebende Energie, die dem Raum innewohnt, ist die schon erwähnte *Dunkle Energie*. Der Name ist unglücklich gewählt, weil sie dadurch oft mit Dunkler Materie vermischt wird, mit der sie eigentlich gar nichts zu tun hat – außer, dass wir ebenso nicht wissen, was sie genau ist. Was wir wissen, ist, dass die Dunkle Energie die Energie des Raums selber zu sein scheint. Je mehr Raum sich bildet, desto mehr Einfluss hat auch die Dunkle Energie. Darum kommt sie auch erst jetzt, also nach einer gewissen Lebenszeit des Universums, zum Tragen. Die Expansion des Universums beschleunigt sich erst jetzt, weil erst jetzt genug Raum da ist, damit diese dunkle Raum-Energie die Expansion so richtig antreiben kann.

Wir können die große Geschichte des Universums *so far* also wie folgt zusammenfassen: Kurz nach dem Urknall war das Universum von Strahlung dominiert. Es war so heiß und dicht, dass es noch kaum stabile Materie gab, sondern es hauptsächlich mit Strahlung gefüllt war. Das war eine relativ gesehen sehr kurze Zeit – es waren etwa die ersten 50 000 Jahre des Universums. Dann ging es über in die Ära der Materie. Das Universum und die darin stattfindenden Vorgänge waren dominiert von Materie und ihrer gegenseitigen Anziehungskraft. Dieser Zustand bestand schon eindeutig länger, und zwar für die ersten 10 Milliarden Jahre des Universums. Und jetzt befinden wir uns am Anfang der Zeitspanne, in dem das Universum von Dunkler Energie dominiert wird, von der Energie des Raums. Diese Epoche hat vor etwa 3–4 Milliarden Jahren begonnen und wird auf unabsehbare Zeit weitergehen. Aber was genau wird auf kosmischen Zeitskalen in der Zukunft des Universums geschehen?

Die ersten großen Ereignisse sind ein paar eindrucksvolle Supernova-Explosionen. Die nächste Supernova in der Milchstraße ist schon seit Jahrhunderten überfällig. Welcher Stern genau als nächster explodieren wird, ist aber unklar – ziemlich sicher wird es nicht Beteigeuze sein. Der gigantische Rote Riese im Orion hat noch etwa 100 000 Jahre erwartete Lebenszeit. Ein anderer Kandidat, der oft genannt wird, ist Antares, der Rote Überriese im Skorpion, der aber auch noch etwa 10 000 Jahre vor sich hat. Noch früher explodieren wird möglicherweise der Monster-Doppelstern Eta Carinae, der schon mehrere große Ausbrüche hinter sich hat und der in einer ziemlich spektakulären Supernova, oder vielleicht sogar einer noch helleren Hypernova sein Ende finden wird. Die nächste Supernova in der Milchstraße wird aber höchstwahrscheinlich ein Stern sein, den wir noch nicht kennen. Wir haben bisher ja nur einen kleinen Teil aller Sterne in der Milchstraße genauer unter die Lupe unserer Teleskope genommen.

Die Sonne wird am Ende ihres Lebens auch explodieren, allerdings nicht in einer Supernova, dafür hat sie nicht genug Masse. In etwa 5 bis 6 Milliarden Jahren wird sie sich zu einem Roten Riesen ausdehnen, dessen Oberfläche etwa bis an die Erdbahn heranreicht. In einer weniger spektakulären Serie an langsamen Explosionen wird sie dann ihre äußeren Schichten in den Weltraum hinausschleudern. Ihr Inneres wird in sich selbst zusammenfallen, und, wie die meisten Sterne, zu einem Weißen Zwerg werden.

In der Zwischenzeit wird die Milchstraße mit der Andromedagalaxie zusammenstoßen. Ihre erste Begegnung wird in etwa 3 bis 4 Milliarden Jahren stattfinden, und ihre Verschmelzung wird sich dann über die folgenden 3 bis 4 Jahrmilliarden hinziehen. Die Sonne kann davon aber unbehelligt ihre Entwicklung durchmachen, denn es ist sehr, sehr unwahrscheinlich, dass ihr dabei ein anderer Stern nahekommt. Dafür gibt es einfach zu viel Platz zwischen den Sternen. Kurz nachdem die Sonne dann explodiert ist, wird auch die Galaxienkollision und damit die Entstehung der neuen elliptischen Riesengalaxie Milkomeda abgeschlossen sein. Viele neue Sterne werden dabei entstehen, und der Wasserstoffvorrat der beiden ursprünglichen Spiralgalaxien wird dabei aufgebraucht. Die entstandenen Sterne altern vor sich hin, aber es bilden sich keine neuen Sterne mehr. Ein ähnliches Schicksal wird auch die anderen Galaxien ereilen. In den großen Galaxienhaufen ist es ja schon so weit. Irgendwann aber wird auch in den dünn besiedelten Gegenden des Universums der Wasserstoff aufgebraucht sein. Die Sternentstehung kommt zum Erliegen, es wird keine neuen Sternengenerationen mehr geben. Die größeren Sterne werden schnell zu Schwarzen Löchern und

Neutronensternen, und die mittelgroßen und kleineren Sterne nicht viel später zu Weißen Zwergen.

Die kleinsten Sterne, die sogenannten Roten Zwerge, leuchten weiterhin schwach vor sich hin und werden das auch noch für viele hundert Milliarden Jahre lang tun. Diese Roten Zwerge können vermutlich mehrere Billionen Jahre alt werden. Sie werden also fast 1000 Mal so alt wie die Sonne. Aber irgendwann ist es auch mit ihnen vorbei. Spätestens nach 10–100 Billionen von Jahren ist die Zeit der lebenden Sterne im Universum zu Ende. Wenn die Kernfusion im letzten Roten Zwerg versiegt und er zu einem Weißen Zwerg geworden ist, sind tote Sterne das Einzige, was noch übrig ist. Das Universum besteht dann nur mehr aus Weißen Zwergen, Neutronensternen und Schwarzen Löchern. In 100 Billionen Jahren besteht das Universum nur mehr aus degenerierter Materie. Degenerierte oder entartete Materie ist ein quantenmechanischer Zustand der Materie und entsteht durch extreme Dichteverhältnisse, wie sie in den toten Sternkörpern herrschen. Die Sonne wird als Weißer Zwerg etwa auf die Größe der Erde zusammengepresst sein. Das entspricht einer Dichte von einer Tonne pro Kubikzentimeter, oder einem Elefanten in einem Teelöffel. Die Epoche der entarteten Materie hat begonnen.

Das Universum ist aber noch lange nicht dunkel, denn auch Weiße Zwerge und Neutronensterne leuchten. Ihre Oberflächen sind durch ihre hohe Dichte auch extrem heiß und sie strahlen deshalb auch entsprechend ihrer Temperatur. Aber langsam, über die Jahrmilliarden, kühlen sie aus und werden rötlicher und dunkler, bis sie schließlich zu Schwarzen Zwergen werden. Diese hypothetischen Objekte gibt es noch nicht, da das Universum noch viel zu jung dafür ist. Niemand weiß, wie lange das Auskühlen eines Weißen Zwergs dauert, aber es könnten an die 10^{30} Jahre sein, also eine 1 mit 30 Nullen. In einer ähnlichen Zeitspanne werden vermutlich auch die Protonen beginnen, zu zerfallen. Die Materie selbst oder was auch immer noch von ihr übrig ist, zerbröselt und zerfällt zu Strahlung. Diesen Prozess des Protonenzerfalls hat aber auch noch niemand beobachtet, da in unserer fröhlichen und lebendigen Sternenepoche noch lange kein Proton zerfallen ist. Die Sternleichen kühlen also unvorstellbar langsam aus, bis sie irgendwann vermutlich zerfallen und nur mehr Strahlung übrig bleibt. Und ist es dann vorbei?

Nein, dann beginnt die Ära der Schwarzen Löcher.

Was auch immer zu dem Zeitpunkt noch an allerletzter Materie übrig ist, die letzten ausgekühlten Schwarzen Zwerge zum Beispiel, wird früher oder später von einem Schwarzen Loch verschluckt. Auch wenn sich Protonen doch als stabil herausstellen sollten, also die Materie nicht zerfällt, wird sie in den folgenden Trillionen und Abertrillionen von Jahren von den nun dominierenden Schwarzen Löchern aufgesammelt. Nur mehr Schwarze Löcher und Photonen werden im Universum übrig bleiben. Alles, was einmal war, ist entweder im Inneren eines Schwarzen Lochs verschwunden oder zu Strahlung zerfallen. Und diese Strahlung, diese Photonen verlieren durch die Expansion des Universums ebenso immer rascher ihre Energie. Alles wird einfach immer kälter und kälter. Das Universum ist leer, kalt und dunkel. Und so verbringt es auch die meiste Zeit seines Lebens. Die Zeitspanne, in der Sterne, Licht und Leben im Universum möglich sind, ist nicht nur vorübergehend. Es ist ein extrem flüchtiger Moment in der frühen Kindheit des Universums, ein kurzes Aufleuchten von Diversität, in einer darauffolgenden unfassbar langen Zeitspanne der unermesslichen Kälte und Dunkelheit.

Die Schwarzen Löcher hingegen erleben dann erst ihre Blütezeit. Das Universum ist für den überwiegenden Großteil seiner Lebenszeit nur mehr mit Schwarzen Löchern gefüllt, die natürlich auch miteinander interagieren. Es ist nicht so, dass nichts mehr passiert, sondern die Dinge passieren einfach auf viel, viel längeren Zeitskalen. Eine Galaxie besteht zu dem Zeitpunkt aus einem gigantischen, supermassereichen Schwarzen Loch in der Mitte und Milliarden von kleineren Schwarzen Löchern, die das Zentrum umkreisen, so, wie es früher die Sterne getan haben. Und irgendwann, auf unvorstellbaren Zeitskalen, verschmelzen diese Schwarzen Löcher auch miteinander. Das ist in der längsten Zeit des Universums auch das Hauptereignis. Schwarze Löcher treffen sich, umkreisen einander und verschmelzen mit einem kurzen Rütteln und Schütteln des Weltraums.

Doch auch Schwarze Löcher sind wahrscheinlich nicht unsterblich. Es heisst zwar, dass nichts einem Schwarzen Loch entkommen kann, aber es gibt einen hypothetischen Prozess, der Schwarze Löcher auflösen kann: die *Hawking-Strahlung.* Wenn ein Materie-Antimaterie-Teilchenpaar am Rand eines Schwarzen Lochs erzeugt wird, kann es vorkommen, dass ein Teilchen ins Schwarze Loch hineinverschwindet, während das andere gerade noch entkommt. Es sieht dann so aus, als wäre Materie bzw. Strahlung aus dem Schwarzen Loch entkommen, während das verschluckte Teilchen dem Schwarzen Loch Energie entzieht. Durch diesen Prozess können Schwarze Löcher über lange Zeiträume einfach zerstrahlen, also sich in Energie auflösen. Das Ganze würde sich zwar über einen absurd langen Zeitraum hinziehen, aber das sind wir mittlerweile vom Universum ja schon gewöhnt. Die Schwarzen Löcher würden so je nach ihrer Masse, eins nach dem anderen, langsam zerstrahlen, bis sie in einem allerletzten Aufleuchten explodieren und sich in Nichts auflösen. Das finale Feuerwerk des Kosmos, das nach etwa 10^{100} Jahren sein Ende findet.

Und dann? Dann ist es wirklich dunkel und still. Das Universum wird ein Meer aus Photonen mit minimaler Energie sein, das sich rasant ausdehnt und sich immer mehr an den absoluten Nullpunkt annähert. Das Photonenmeer wird immer homogener bis alles überall gleich ist. Das ist der Zustand der maximalen Entropie, der maximalen Gleichmäßigkeit, nach dem das Universum so lange gestrebt hat. Nichts passiert mehr, und so bleibt es für immer. Die Zeit verliert ihre Bedeutung. Und damit auch die Ausdehnung des Raums. Es ist plötzlich alles egal, weil alles überall gleich ist. Der große Kosmologe Roger Penrose hat es so formuliert: Das Universum vergisst, wie groß es ist. Und etwas, das seine Größe nicht kennt, kann genauso gut klein sein. Das unfassbar große, alte Universum ist mathematisch gesehen das Gleiche wie ein unfassbar kleines. Und es ist überall und in alle Richtungen gleich, so, wie es auch ganz am Anfang im Urknall war. Könnte es tatsächlich sein, dass das Ende des Universums gleichzeitig auch sein Anfang ist?

»Unsere Zeit ist leider um«, sage ich zum allgemeinen Raunen meiner Nachwuchsastronom:innen. »Nur noch eine Frage!«, »Können wir noch einmal ins Schwarze Loch fallen? Bitteee!« Nein, aber wir schauen uns noch gemeinsam den Sonnenaufgang an, der im Planetarium praktischerweise mit vorgespulter Zeit jederzeit in wenigen Momenten stattfinden kann. Wir geben der Erde also einen Ruck, und sie dreht sich plötzlich fünfmal so schnell in Richtung Sonne, dann zehnmal, dann hundertmal. Die Sterne fliegen über unsere Köpfe und beginnen dann rasch zu verblassen. Der Himmel färbt sich blassblau, dann bunt und da ist er schon wieder, unser Plasmaball, der sich über einem unschuldig-hellblauen Himmel erhebt, so, als würde sich dahinter nicht ein ganzes Universum mit Milliarden von Galaxien verbergen. Doch das Wissen darum bleibt. Im Gänsemarsch stapft die Gruppe wieder hinaus in die helle Realität. Wie Vampire kreischen einige, als das Tageslicht in ihr Gesicht fällt. Während sie draußen noch aufgeregt herumhüpfen, habe ich schon den Ventilator abgeschaltet und das Zelt auf einer Seite angehoben. Damit rauscht es fast von selbst über den Projektor und meinen Kopf hinweg, bis es auf der anderen Seite am Boden zum Liegen kommt. Der letzte Showeffekt für heute. Ich packe das Sternenzelt auf den kleinen Handwagen und rolle es nach draußen, wo Cosmobike geduldig auf mich wartet. Gemeinsam radeln wir neuen Abenteuern entgegen, und wer weiß, vielleicht kommen wir ja auch mal bei euch vorbei.

Glossar

Beobachtbares Universum – Der Teil des Universums, aus dem das Licht schon genügend Zeit hatte, um zu uns zu gelangen. Oder andersrum: der Teil des Universums, den wir sehen können. Außerhalb des beobachtbaren Universums befindet sich noch mehr Universum, von dem wir mit jeder vergehenden Sekunde knapp 300 000 Kilometer mehr in alle Richtungen beobachten können. Wir befinden uns per Definition im Mittelpunkt des beobachtbaren Universums oder, genauer gesagt: Jeder Mensch befindet sich im Mittelpunkt seines eigenen beobachtbaren Universums, das sich minimalst von dem der anderen Menschen unterscheidet.

Brauner Zwerg – ein Beinahe-Stern, dessen Masse nicht ganz ausreicht, um in seinem Inneren die Bedingungen für die Verschmelzung von Wasserstoff zu Helium zu schaffen. Die Eigengravitation eines Braunen Zwergs reicht nicht aus, um sein Material ausreichend zusammenzuquetschen und aufzuheizen, damit die Kettenreaktion der Kernfusion einsetzen kann. Braune Zwerge erzeugen aber schon Energie durch ihre Temperatur und sind im Infrarotbereich sichtbar.

Bulge – zentrale Sternkonzentration in Galaxien. Der Bulge (sprich »Baldsch«, englisch für »Wölbung«) ist meist rund, besteht aus alten Sternen, die chaotisch durch die Gegend fliegen, und enthält höchstwahrscheinlich bei allen großen Galaxien ein *supermassereiches Schwarzes Loch*. Wie bei vielen Menschen wächst der Bulge im Laufe des Galaxienlebens durch das Verspeisen von kleineren Galaxien.

Dunkle Energie – mysteriöse Energiequelle, die der Gravitation auf großen Skalen entgegenwirkt und für die Expansion des Universums verantwortlich ist. Dunkle Energie ist eine Eigenschaft, die dem Raum innewohnt: Raum erzeugt mehr Raum und je mehr Raum schon da ist, umso mehr Raum kann auch erzeugt werden. Dementsprechend wird das Universum auch immer schneller immer größer. Die Ursache dieser Dunklen Energie ist uns unbekannt, ebenso unbekannt wie die *Dunkle Materie*, was auch ihre einzige Gemeinsamkeit ist.

Dunkle Materie – mysteriöser Hauptbestandteil des Universums, der unsichtbar ist und ausschließlich durch die Gravitation mit anderen Bestandteilen des Universums wechselwirkt. Die Existenz der Dunklen Materie ist zwar noch umstritten, aber auch durch eine lange Liste an Indizien sehr gut belegt und notwendig, um unsere Beobachtungen des Universums zu erklären. Die Zusammensetzung der Dunklen Materie ist uns unbekannt.

Elektromagnetisches Spektrum – Verschiedene Arten von elektromagnetischen Wellen, also Strahlung, mit unterschiedlich großer und kleiner Wellenlänge. Nur ein kleiner Teil des gesamten elektromagnetischen Spektrums ist für unsere Augen als Licht wahrnehmbar, also sichtbar. Jenseits von Rot werden die Lichtwellen länger, jenseits von Blau/Violett kürzer. Das gesamte elektromagnetische Spektrum ist wie ein unsichtbarer Regenbogen. Auf unser sichtbares Rot folgt Infrarot, dann Submillimeter- und schließlich Radiostrahlung. In die andere Richtung geht es nach Violett mit Ultraviolett weiter, dann Röntgen- und dann Gammastrahlung. Wir können mittlerweile beinahe das gesamte elektromagnetische Spektrum mit Teleskopen beobachten und so das unsichtbare Universum sichtbar machen.

Elliptische Galaxie – eine der Hauptarten von Galaxien. Elliptische Galaxien haben keine Scheibe, sondern sind eiförmige Gebilde aus meist sehr alten Sternen, die sich chaotisch durch ihre Galaxie bewegen. In elliptischen Galaxien bilden sich meistens keine neuen Sterne mehr. Sie sind oft sehr groß und sehr massereich und auch hauptsächlich dort zu finden, wo viele andere Galaxien sind, zum Beispiel in den Zentren von *Galaxienhaufen*.

Entropie – Ungeordnetheit im Sinne von Gleichmäßigkeit. Hohe Entropie bedeutet einen Zustand von minimaler Energie. Von selbst nimmt die Entropie in einem System immer zu. Ohne Energiezufuhr wird also alles immer unordentlicher, immer gleichförmiger. Hohe Entropie ist also der angestrebte Zustand von Systemen im Universum, beziehungsweise vom Universum selbst. Bei maximaler Entropie kann sich nichts mehr ändern, weil alles schon gleich ist.

Expansion des Universums – 1929 entdeckte Edwin Hubble, dass sich (fast) alle Galaxien von uns wegbewegen. Die logische Schlussfolgerung: Das Universum dehnt sich aus. Seit dem *Urknall*, also seit dem Beginn des Universums, wird es immer größer und größer. Bei dieser Expansion bewegen sich aber eigentlich nicht die Bestandteile des Universums voneinander weg, sondern der Raum zwischen den Galaxien wird größer. Raum erzeugt mehr Raum. Verantwortlich dafür ist die sogenannte *Dunkle Energie.*

Exoplanet, Extrasolarer Planet – Planet, der sich nicht um die Sonne, sondern einen anderen Stern bewegt. Vermutlich gibt es allein in unserer *Milchstraße* viele Milliarden von Exoplaneten.

Galaxie – riesige Ansammlung aus Millionen, und oft sogar Milliarden von Sternen, Staub, Gas und *Dunkler Materie.* Sterne leben nicht alleine, sondern so gut wie immer in Galaxien. Die Milchstraße ist unsere Galaxie und besteht aus einigen Hundert Milliarden Sternen. Galaxien gibt es in den unterschiedlichsten Formen und Farben. Es gibt verschiedene Arten von Galaxien, die sich im Laufe ihres Lebens auch verändern, entwickeln und miteinander interagieren. Vermutlich gibt es mehr als eine Billion Galaxien in unserem *beobachtbaren Universum.*

Gas – in der Astronomie bedeutet der Begriff Gas fast immer Wasserstoff, das häufigste Element im Universum. Das Gas im Universum befindet sich in sehr unterschiedlichen Zuständen: kaltes, dichtes Gas in den großen interstellaren Wolken, in denen neue Sterne entstehen; heißes, dünnes Gas in riesigen elliptischen Galaxien und Galaxienhaufen; oder heißes, dichtes und elektrisch geladenes Gas in der Form von Plasmakugeln, die wir Sterne nennen.

Galaxienhaufen – gigantische Ansammlung aus hunderten bis tausenden von Galaxien. Der Raum zwischen den Galaxien in den Galaxienhaufen ist mit Millionen Grad heißem Gas gefüllt – eine sehr ungemütliche Gegend, auch für Galaxien. Galaxien werden von den unwirtlichen Bedingungen in Galaxienhaufen stark beeinflusst und oft grundlegend verändert. Galaxienhaufen sind die großen Strukturen im Universum, die sich meist schon sehr früh gebildet haben.

Halo – Ein Halo kann zwei Dinge bezeichnen: 1. Die sphärische Hülle von Galaxien, die aus Gas und einzelnen *Kugelsternhaufen* besteht, oder 2. Die großräumige Struktur aus *Dunkler Materie*, in die Galaxien eingebettet sind.

Hintergrundstrahlung, kosmische – das erste Licht, das wir aus dem frühen Universum beobachten können. Die kosmische Hintergrundstrahlung kommt von überall her und ist extrem gleichmäßig. Sie ist der Afterglow, der Nachhall des *Urknalls*. Sie besteht aus Wärmestrahlung, die vom unvorstellbar heißen und dichten Anbeginn des Universums übriggeblieben ist. Durch die *Expansion des Universums* hat sich das ursprüngliche Inferno mittlerweile auf etwa 3 Kelvin abgekühlt und strahlt dieser Temperatur entsprechend im Mikrowellenbereich. Die kosmische Hintergrundstrahlung ist das beste Beweisstück für die Existenz des Urknalls.

Intergalaktisches Medium – Material (meist Wasserstoffgas), das sich zwischen den Galaxien befindet. Der Raum zwischen den Galaxien ist nicht leer, sondern mit meist extrem dünnem Gas gefüllt. In großen *Galaxienhaufen* wird dieses Gas auf mehrere Millionen Grad aufgeheizt.

Interstellares Medium – Gas und Staub, der sich innerhalb einer Galaxie zwischen ihren einzelnen Sternen befindet. Unterschiedliche Galaxientypen haben auch ein sehr unterschiedliches interstellares Medium: tendenziell kalt und dicht in *Spiralgalaxien* bzw. heiß und dünn in *elliptischen Galaxien*. Nur in den großen, kalten Molekülwolken des interstellaren Mediums können neue Sterne entstehen.

Kugelsternhaufen – sehr kompakte, kugelförmige Haufen aus Sternen, die sich im *Halo* der Galaxien befinden. Kugelsternhaufen enthalten meist die ältesten Sterne einer Galaxie und verraten uns deshalb einiges über die frühe Geschichte und Entstehung der Galaxien.

Lentikuläre Galaxien – neben den *Spiralgalaxien* und den *elliptischen Galaxien* dritter regulärer Galaxientyp im Universum. Sie werden auch S0-Galaxien genannt, da sie wie Spiralgalaxien ohne Spiralarme und mit sehr großem Bulge aussehen. Sie stellen vermutlich das Bindeglied zwischen Spiralgalaxien und elliptischen Galaxien dar und sind hauptsächlich in *Galaxienhaufen* zu finden.

Lichtjahr – Ein Lichtjahr ist eine Distanz und kein Zeitraum. Es ist die Entfernung, die Licht in einem Jahr zurücklegt. Ein Lichtjahr entspricht etwa Neuneinhalb Billionen Kilometern.

Lokale Gruppe – kleine Galaxiengruppe, in der sich die *Milchstraße* befindet. Gemeinsam mit der Andromedagalaxie dominiert die Milchstraße unsere Lokale Gruppe. Sie besteht aus drei »normalen« Galaxien und etwa 80 *Zwerggalaxien*, von denen die meisten die großen Galaxien der Gruppe umkreisen.

Lokales Universum – Unsere kosmische Nachbarschaft. Das lokale Universum ist nicht ganz exakt definiert und umfasst in etwa unsere Umgebung innerhalb eines Radius von etwa 1 Milliarde Lichtjahren. Das lokalen Universum ist quasi das »heutige« Universum, beziehungsweise der Teil des Universums, in dem es noch keine großen kosmologischen Entwicklungseffekte gibt. Es enthält tausende Galaxienhaufen und -gruppen und Millionen von Galaxien.

Metalle – Astronomischer Slang für alle chemischen Elemente, die schwerer als Helium sind. Diese Zusammenfassung ist durchaus verständlich, da Wasserstoff und Helium gemeinsam etwa 98 % der Masse des Universums ausmachen. Alle anderen Elemente, also auch die Bestandteile unseres Körpers machen nur knapp 2 % des Universums aus.

Milchstraße – unsere *Galaxie*, unsere Sternenstadt, unsere Heimat. Die Milchstraße ist eine riesige, scheibenförmige Spiralgalaxie des Typs SBb und hat etwa 150 000 *Lichtjahre* Durchmesser. Sie besitzt einen mittelgroßen zentralen *Bulge*, einen Balken aus Sternen, der den Bulge mit den Spiralarmen verbindet, und einen ausgedehnten *Halo* mit mindestens 150 *Kugelsternhaufen*. Die Sonne ist einer von mehreren hundert Milliarden Sternen in der Milchstraße und umkreist ihr Zentrum in 26 000 Lichtjahren Entfernung und mit einer Geschwindigkeit von 220 km/s bzw. 800 000 km/h. In ihrem Zentrum befindet sich ein *supermassereiches Schwarzes Loch*, das etwa 4 Millionen Mal die Masse der Sonne hat und auf jeden Fall kleiner als unser Planetensystem ist. Die Milchstraße ist gemeinsam mit der Andromedagalaxie M31 die größte Galaxie in der *Lokalen Gruppe*. Wir sehen die Milchstraße als langgestrecktes milchiges Band, das sich über den gesamten Himmel zieht, am besten im Sommer und von der Südhalbkugel der Erde aus.

Nova – ein plötzlich am Himmel erscheinender, vermeintlich »neuer« Stern (Nova ist lateinisch für neu). In Wirklichkeit ein alter Stern, der gerade explodiert. Nicht zu verwechseln mit einer *Supernova*, die am Lebensende von sehr massereichen Sternen stattfindet. Eine Nova entsteht durch den Massentransfer in einem Doppelsternsystem, das aus einem *Roten Riesen* und einem *Weißen Zwerg* besteht. Wenn sich der Roter Riese am Ende seines Lebens ausdehnt, kann es sein, dass seine Oberfläche dem Weißen Zwerg so nahekommt, dass Material vom Roten Riesen zum Weißen Zwerg hinüberströmt. Das »frische« Material stürzt auf den kompakten, heißen Weißen Zwerg ein und bewirkt eine gigantische thermonukleare Explosion an der Oberfläche des Weißen Zwergs.

Planet – Ein Planet ist ein Objekt, das sich 1. durch seine eigene Gravitationskraft zu einer Kugel geformt hat, 2. sich in einer Umlaufbahn um eine Stern (die Sonne) befindet, und der 3. das dominierende Objekt seiner Umlaufbahn ist, also sich keine anderen vergleichbar großen Dinge in einer sehr ähnlichen Umlaufbahn befinden. Ein Planet muss sich seine Bahn freigeräumt haben. Dieser dritte Punkt hat auch 2006 zum Ausschluss von Pluto aus der Planetenriege geführt.

Roter Riese – ein sterbender Stern. Beinahe alle Sterne (bis auf die allerkleinsten und die allergrößten) werden am Ende ihres Lebens zu einem Roten Riesen. Wenn der Wasserstoffvorrat im Kern des Sterns schwindet, beginnt dort die nächste Phase der Kernfusion: das vorher im Kern des Sterns erzeugte Helium wird dort zu Kohlenstoff fusioniert. Diese Phase der Kernfusion erzeugt viel mehr Energie und heizt die über dem Kern liegende Wasserstoffhülle des Sterns auf. Die dehnt sich dementsprechend aus. Durch die Ausdehnung der unteren Schichten dehnt sich auch die äußere Hülle aus und kühlt ab: die Oberfläche des Sterns wird dadurch röter (= kühler). Rote Riesen können Milliarden von Kilometern groß werden, was etwa dem Durchmesser der Umlaufbahn des Jupiter entspricht. Die Sonne wird in etwa 5–6 Milliarden Jahren zu einem Roten Riesen und in diesem Zustand an die Umlaufbahn der Erde heranreichen.

Rotverschiebung – die Dehnung und somit Rötung des Lichts durch die *Expansion des Universums*. Die Bewegung der Lichtquelle verursacht eine Dehnung der Wellenlänge des Lichts. Der Effekt ist ganz analog zum Dopplereffekt: die schnelle Bewegung des Feuerwehrwagens bringt die Sirene auf eine höhere Tonlage, wenn sie auf uns zukommt, und wird dann etwas tiefer, wenn sie an uns vorbeigefahren ist. Kürzere Schallwellen erzeugen höhere Töne, längere Wellen sind tiefer. Genauso werden Lichtwellen durch Bewegung gestaucht und gedehnt, nur dass bei Licht längere Wellen eine rötlichere Farbe bedeuten. Alle Galaxien im Universum, abgesehen von unseren Nachbargalaxien in der *Lokalen Gruppe*, bewegen sich durch die Ausdehnung des Weltraums von uns weg und sind daher rotverschoben.

Schwarzes Loch, supermassereiches – die extrem kompakte und extrem massereiche Struktur im Zentrum von Galaxienkernen. Höchstwahrscheinlich haben alle großen Galaxien ein supermassereiches Schwarzes Loch in ihrem Zentrum.

Spiralgalaxie – Einer der Haupttypen von Galaxien. Die Milchstraße ist eine Spiralgalaxie, und ebenso die überwiegende Mehrheit der Galaxien im *lokalen Universum*. Spiralgalaxien bestehen aus einer ausgedehnten Scheibe aus Sternen, Gas und Staub, einer zentralen

Sternkonzentration (dem *Bulge*) und einem sphärischen *Halo* voller *Kugelsternhaufen*. Die Sternenscheiben zeigen eine geordnete Rotation und Spiralarme, in denen neue Sterne entstehen. In der Milchstraße entsteht zurzeit etwa ein neuer Stern pro Jahr.

Staub – ähnlich wie *Metalle*, ist auch Staub astronomische Umgangssprache für schwere Elemente, allerdings meist in der Form von einfachen chemischen Verbindungen und Molekülen. Staub ist neben dem omnipräsenten Wasserstoffgas der Hauptbestandteil der *interstellaren Materie*. Staub ist für Astronom:innen oft sehr ärgerlich, da er Licht blockiert und uns so die Sicht auf weite Bereiche des Universums verstellt. Dort, wo sich der Staub ansammelt, passieren aber oft die interessantesten Dinge, wie etwa die Entstehung von Sternen.

Stern – Ein Stern ist eine frei im Weltraum schwebende, gigantische Plasmakugel, die aus Wasserstoff andere chemische Elemente erzeugt. Ein Stern muss von selbst leuchten und seine Energie durch Kernfusion erzeugen. Sterne bestehen in der Regel zu 99 % aus Wasserstoff, aber es gibt sie in sehr unterschiedlichen Größen und dementsprechend auch Farben, die von ihrer Oberflächentemperatur abhängen. Die kleinsten Sterne haben etwa ein Zehntel der Masse unserer Sonne und die größten gut 100 Sonnenmassen. Ihre Temperaturen reichen von gut 2000 K bis etwa 45 000 K und ihre Lebensdauer von einigen Millionen bei den größten, bis hin zu Billionen von Jahren bei den kleinsten. Sterne entstehen in dichten interstellaren Wolken fast immer in Gruppen, den sogenannten Sternhaufen und bilden gemeinsam mit Millionen oder Milliarden anderen Sternen gigantische Strukturen namens *Galaxien*.

Supernova – Die Explosion eines massereichen Sterns am Ende seines kurzen Lebens. In diesen Sternexplosionen wird für kurze Zeit so viel Energie freigesetzt, dass eine einzige Supernova eine ganze Galaxie wie die Milchstraße überstrahlen kann. Die meisten der schweren Elemente und alle Elemente schwerer als Eisen werden in Supernova-Explosionen erzeugt. Teile von uns waren also auf jeden Fall schon bei so einer Explosion dabei.

Urknall – Der Anfang unseres beobachtbaren Universums. Alle Materie, alle Strahlung, der ganze Raum und die Zeit, die unser Universum ausmachen, sind im Urknall vor 13,77 Milliarden Jahren in einem unvorstellbar kleinen, dichten und heißen Anfangspunkt entstanden. Wir können den Urknall selbst nicht beschreiben, sondern erst das, was ganz kurz – oder genauer gesagt 10^{-43} Sekunden – danach passiert ist. Der Urknall ist trotz seiner Unvorstellbarkeit eine der am besten durch Beobachtungen belegte Theorie, die wir haben.

Weißer Zwerg – Ein kollabierter, also toter Stern. Nachdem die Phase des *Roten Riesen* abgeschlossen ist und die Kernfusion im Inneren des Sterns zum Erliegen kommt, fällt er unter seinem eigenen Gewicht in sich zusammen. Der Ex-Stern kollabiert so lange, bis die Atome so dicht aneinandergepresst sind, dass ihr Druck der Gravitation standhalten kann. Ein typischer Weißer Zwerg ist daher nur etwa so groß wie die Erde, hat dabei aber immer noch die Masse eines Sterns. Die meisten Sterne werden nach ihrem aktiven Leben zu Weißen Zwergen, so auch die Sonne.

Zwerggalaxien – der häufigste Galaxientyp im Universum. Zwerggalaxien waren im frühen Universum die Bausteine der größeren Galaxien und sind heute die Überbleibsel der Galaxienenstehung. Sie können uns daher viel über die Entstehung und Entwicklung von Galaxien verraten. Eine Zwerggalaxie besteht typischerweise aus einigen Millionen bis hin zu einigen Milliarden von Sternen und einem wesentlich größeren Anteil an Dunkler Materie als die großen Galaxien. Die Milchstraße wird von knapp 50 Zwerggalaxien umrundet, von denen sie sich gelegentlich die eine oder andere einverleibt.

Danksagung

Zuallererst möchte ich mich ganz herzlich bei meinem Lektor Christian Koth und dem Aufbau Verlag für ihr Vertrauen und für die Möglichkeit, dieses Buch zu schreiben, bedanken. Es ist so angenehm und macht so viel Spaß, mit Menschen zusammenzuarbeiten, die wirklich etwas von ihrem Beruf verstehen. Danke auch an das Büro Alba für die Bereicherung des Texts mit ihren einzigartigen Illustrationen.

Ebenso herzlich bedanke ich mich bei meinen Testleser:innen Dagmar, Astrid, Georg und Florian für das ehrliche Feedback und die vielen Verbesserungsvorschläge, von denen der Text eindeutig profitiert hat.

Ein ganz besonderer Dank geht an meinen langjährigen Freund und Kollegen Florian Freistetter, der mich schon öfter zu meinem Glück zwingen musste, und ohne den, das traue ich mich zu behaupten, dieses Buch nicht existieren würde.

Danke auch an die Hörer:innen des Podcasts »Das Universum« für ihre bereichernden Fragen und ihr oft sehr persönliches Feedback, das mich während der Entstehung dieses Buches in diesem interaktionsarmen Jahr der Pandemie sehr motiviert hat. Das Gleiche gilt für die gut 15 000 Besucher:innen des mobilen Planetariums in der Zeit davor, deren Enthusiasmus, Begeisterung und Neugierde das Lebenselixier meiner Arbeit als Wissensvermittlerin sind.

Very special greetings gehen hinaus an das Education Team des Jodrell Bank Discovery Centres, wo ich nicht nur das Handwerk der Wissenschaftsvermittlung erlernen, sondern auch die Faszination des mobilen Planetariums entdecken durfte.

Und ganz besonders bedanke ich mich bei meinem Doktorvater Werner Zeilinger, der nicht nur meine wissenschaftliche Entwicklung unterstützt, sondern mich auch dazu gebracht hat, in Chile zu studieren – eine Erfahrung, die nicht nur für dieses Buch von Relevanz ist, und für die ich wirklich sehr dankbar bin.

Ich danke meinem Partner Georg, der mich während der Entstehung dieses Buches nicht nur mit vielen Abendessen versorgt, sondern generell für emotionalen Rückhalt, Motivation und fachliche Anregungen gesorgt hat. Danke für deine unermüdliche Unterstützung dabei, das Beste aus mir herauszuholen.

Und zum Schluss noch ein Dank an all die Forscher:innen, denen wir unser unglaubliches Wissen über unser unfassbares Universum verdanken, und dem Universum dafür, dass es sich Stück für Stück das eine oder andere seiner Geheimnisse entlocken lässt.

Quellennachweis

Illustration 1: Seite 25
© Photo by Anna Kumpan on Unsplash | © stevepb/pixabay | © Photo by Henry & Co. on Unsplash | © Photo by Kira auf der Heide on Unsplash | © Photo by Anton on Unsplash

Illustration 2: Seite 47
© public domain | Studio portrait photograph of Edwin Powell Hubble | © Photo by Damon Lam on Unsplash | © Photo by Damon Lam on Unsplash

Illustration 3: Seite 81
© ESO | © Photo by NASA on Unsplash | © MichaelJay/iStock by Getty Images

Illustration 4: Seite 91
© ESO | © ESO | © ESO | © Photo by Shwetha Shankar on Unsplash | © Funny Foxy Pride/pexels | © CC BY-SA 3.0 | © Photo by Sam Power on Unsplash

Illustration 5: Seite 107
© Andrew Neel/pexels | © Alex Andrews/pexels | © Photo by youssef naddam on Unsplash | © cottonbro/pexels | © Photo by Se Nuno on Unsplash | © Haste LeArt V./exels | © Yaroslav Shuraev/pexels

Illustration 6: Seite 145
© Photo by Matt Moloney on Unsplash | © CC BY-SA 3.0 Eclipse | © CC BY-SA 3.0 NASA | © niuniu/iStock by Getty Images | © NASA, ESA, S. Beckwith (STScI) and the HUDF Team

Illustration 7: Seite 173
© Adobe Stock/#412521020 | © Photo by Thaïs Breton on Unsplash | © Karolina Grabowska/pexels | © zhivko/pixabay | © Photo by Danir Yangirov on Unsplash | © public domain/NASA/CXC/SAO/G.Ogrean et al

Illustration 8: Seite 189
© Photo by dadalan real on Unsplash | © Adobe Stock/#150628935 | © public domain/NASA, restored by Bammesk